福島原発集団訴訟の判決を巡って ——民衆の視座から

2019年4月20日、スペース・オルタ

前田朗、黒澤知弘、小出裕章、崎山比早子、村田弘、佐藤嘉幸

まえがき

三・一一から八年の歳月が流れました。乳幼児が小学校に通う年代になり、幼いと思っていた子どもたちが大人びてくるのに十分な歳月です。

あの日、大震災の驚愕と放射線被曝の恐怖にうち震えながら自宅を離れ、故郷を奪われ、家族がバラバラにされ、仕事も学校も友達も地域社会も奪われた被災者、避難者は、どのような思いでこの年月を過ごしたことでしょう。

事実を否定し、責任逃れを続ける電力会社の傲慢な姿勢や、避難者を切り捨てる日本政府の冷酷な棄民政策に直面するたびに、避難者はいかに心を切り刻まれたことでしょう。

それでも思いを新たにして、心をつなぎ合わせて立ち上がる避難者が全国に多数います。ともに生きる社会をつくり、人間らしい暮らしを取り戻すために、汗を流し、涙を流しながら、事態を打開しようと懸命に闘う人々がいます。

二〇一九年二月二〇日、横浜地方裁判所の「勝訴判決」を獲得した福島原発かながわ訴訟原告団、弁護団、支援する会は、人間の尊厳を賭け、命と暮らしを守り、この国に民主主義を復活させるために、次の一歩を踏み出すことになりました。その取り組みとして、横浜地裁判決を読み解き、次の闘いを構築するためのシンポジウムを開催しました。

＊

「福島原発集団訴訟の判決を巡って――民衆の視座から」

日時：二〇一九年四月二〇日

会場：スペース・オルタ（新横浜）

主催：福島原発かながわ訴訟原告団、福島原発かながわ訴訟を支援する会（ふくかな）、平和力フォーラム、脱原発市民会議かながわ

協賛：一般社団法人市民セクター政策機構、スペース・オルタ

＊

本書はこのシンポジウムの記録です。

最初に、かながわ訴訟弁護団事務局長の黒澤知弘弁護士から「判決の法的問題点」を解説してもらいました。

続いて、元京都大学原子炉実験所助教の小出裕章さんから「巨大な危険を内包した原発、それを安全だと言った嘘」として、原発問題の基本を論じてもらいました。

医学博士、元放射線医学総合研究所主任研究官の崎山比早子さんからは「しきい値なし直線（ＬＮＴ）モデルを社会通念に！」として、原発訴訟を勝利に導くための提言をしてもらいました。

そして、福島原発かながわ訴訟原告団団長の村田弘さんから「原発訴訟をめぐって——民衆法廷を」として、国家の権力法廷の限界をいかに超えるかを語ってもらいました。

最後に、『脱原発の哲学』の著者である佐藤嘉幸さんから「なぜ原発裁判で否認が続くのか」として、避難者切り捨てのメカニズムを解析してもらいました。

小さなブックレットですが、執筆者一同、脱原発を実現するために全国で闘っている仲間たちに万感の思いを込めてお届けするメッセージの花束です。各地で活用していただけることを願います。

執筆者を代表して

前田　朗

判決を巡って

1　判決の法的問題点

前田　本日は、二〇一九年二月二〇日の福島原発かながわ訴訟一審の横浜地裁判決を素材に、原発事故の基本問題を考え、避難者の権利や低線量被曝問題を問うためのシンポジウムです。

最初に、横浜地裁判決について弁護団事務局長の黒澤知弘さんに報告してもらいますが、この判決については、すでに国連人権理事会にも報告したところです。

三月一三日、ジュネーヴの国連欧州本部で開催中の国連人権理事会四〇会期で、NGOの国際人権活動日本委員会（JWCHR、前田朗）は、ふくかな（福島原発かながわ訴訟）について、次のような発言をしました。

一昨日、三月一一日は東日本大震災と津波の八周年であった。昨日、三月一二日は福島原発のメルトダウン八周年であった。一九八六年のチェルノブイリに匹敵すると言われる福島危機の後、およそ一六万もの人々が逃げた。本年一月時点で、三万二〇〇〇以上の人々が福島県外に避難したままである。彼らは国内避難民（IDPs）にあたる。

二月二〇日、横浜地裁は、日本政府と福島原発運営会社に対して四億一九〇〇万円の損害賠償を命じた。一七五人の原告のほとんどは、原発事故の後、福島県から東京の近くの神奈川県に避難することを余儀なくされた。自宅に帰りたいが、放射能汚染のために帰ることができない。

横浜地裁は、専門家の検討によれば、政府は二〇〇九年九月には予見できたので、核事故を防ぐことができたと結論づけた。判事は、九世紀に

黒澤知弘

発生したのと同じ大規模津波が再びこの地域を襲い、電源喪失を惹起するであろうと説明した。

横浜地裁の賠償命令は、東京電力に対する八番目、日本政府に対する五番目の命令である。にもかかわらず、日本政府はこれまで五つの裁判所の命令を拒否している。

国内避難民（IDPs）に援助と保護を提供するのは、国際法における政府の責任である。国連人権理事会が日本における国内避難民の状況を監視し、検討するよう要請する。

この発言に対して、日本政府からの応答はありませんでした。

昨年三月には、国連人権理事会で、NGOのグリーンピースの発言としてフクシマの被災者である森松明希子さんが、被曝の恐怖と健康侵害、子どもたちの健康への不安を訴え、日本政府が生存権を保障していないと述べました。私もそのお手伝いをさせてもらいました。

一昨年三月には、国連人権理事会で「民主的空間を拡大する――公的な意志決定における青年の役割」というフォーラムが開催されました。国際人権活動日本委員会は、福島における青年の人権状況について「福島の青年たちは事故や放射能の影響に関する情報を政府から与えられていない。青年たちは将来に関する決定の機会を与えられていない」と報告しました。

さかのぼると、二〇一二年三月一一日に国連人権理事会で被災一周年の状況を報告して以来、何度も国際人権機関に報告してきましたが、避難者が置かれている状況は改善するどころか、悪化してきたように思えます。

そうした中での横浜地裁判決でした。まずは横浜地裁判決の具体的内容を理解するために、黒澤さんから報告してもらいます。

◆裁判の目的と判決の評価

黒澤　二〇一九年二月二〇日に福島原発かながわ訴訟の判決が出されました。判決後、旗を意気揚々と

写真１　ふくかな訴訟判決後の様子（2019 年 2 月 20 日）

三本掲げまして（写真1）、評価としては「勝訴」としております。ただ中身を見ますと、様々な課題があります。その辺りを皆さんと共有できればと思っております。それから現状の司法判断が、まだまだ勇気を持って、今の国策に対して司法の存在感を示せていないところがありますので、是非今日、皆さんに大きな共感を得て、司法をより力強く押し出させるための第一歩にできればと思っております。

まず、この訴訟を起こしたのは二〇一三年九月一一日でした。ですので、足掛け五年半で判決に至った。この訴訟の第一の目的は、完全な賠償を獲得することです。抽象的ですが、大事なことは、被害の実相を明らかにすること、実際の被害者の生活の再建を可能にできるぐらいの被害回復を目指すこと、少し賠償金を払って終りというのではなく、被害者の方がきちんともう一度生活を再建できるようにすることです。

第二の目的は、東電と国の事故に対する法的責任の明確化です。本来は、原子力発電所を作るという

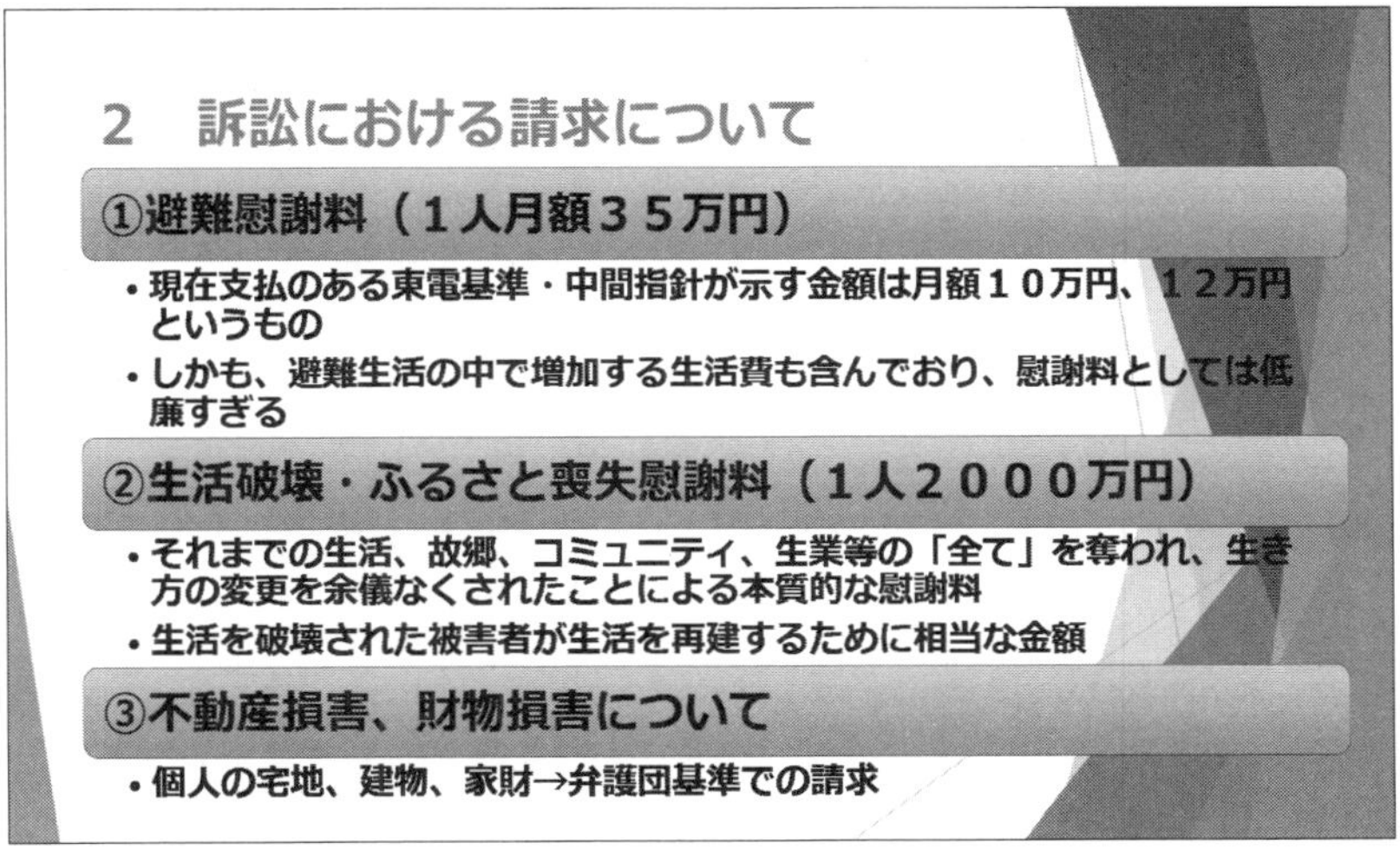
2　訴訟における請求について
①避難慰謝料（１人月額３５万円）
• 現在支払のある東電基準・中間指針が示す金額は月額１０万円、１２万円というもの
• しかも、避難生活の中で増加する生活費も含んでおり、慰謝料としては低廉すぎる
②生活破壊・ふるさと喪失慰謝料（１人２０００万円）
• それまでの生活、故郷、コミュニティ、生業等の「全て」を奪われ、生き方の変更を余儀なくされたことによる本質的な慰謝料
• 生活を破壊された被害者が生活を再建するために相当な金額
③不動産損害、財物損害について
• 個人の宅地、建物、家財→弁護団基準での請求

表１　訴訟における請求について

ことそのものに問題がありますが、訴訟の中では根源にまで遡ることはできないので、少なくとも今回の事故に対する責任という部分を、明確に切り取って争点化しています。

ここから司法判断を適切に得て、被害者の生活基盤の回復、そして、国の法的責任に基づいて被害者の生活再建、地域の回復のための措置、政策を実現させる、そして、その先に原発事故の根絶、これらを訴訟の大きな目的として据えて闘ってきました。訴訟における請求に関しては、簡単に言うと二つです（表1）。第一に、慰謝料を生活再建のために求めています。第二に、慰謝料には当然事故の責任を反映した金額も含まれていると考えておりますので、避難中に蒙った損害としての避難慰謝料、そして、元々あったふるさとでの生活、あるいはふるさと自体を失ったことへの慰謝料（「ふるさと喪失慰謝料」）、これらをそれぞれ請求しています。

この慰謝料に関して、今回出た判決の概要は、この後発言される村田弘さんの資料（69頁、表1）がよくまとまっているので、そちらを見ていただくとわかります。概要だけ申し上げておきます（表2）。原告が一七五名おり、そのうちの一五二名に対する認容判決となっています。原告の中には、訴訟の五年半の間に亡くなられた方が六名いらっしゃいます。その訴訟承継ということで引きつがれた方が一〇名いらっしゃいます。訴訟の中では、やはり時間との闘いという部分もありました。この亡くなられた方の気持ち、ふるさとを二度踏めずに亡くなられたことを、裁判所に重く受けとめてほしい、ということを法廷でも申し上げてきたところです。

　他方で請求を棄却された原告が二三名いらっしゃいました。内訳としましては、一つは事故時に福島に所在していたか、していなかったかという点で、例えば東京にお父さんだけが働きに来ている、あるいは大学生で東京に出て来ているお子さんが、福島に住民票があるけれども福島からの避難とは見なされなかった、という理由で棄却されてしまった方がいらっしゃいました。それから事故時にはまだ生まれていなかった、あるいはＡＤＲ（原子力損害賠償紛争解決センター）等でもらった金額との兼ね合いで、

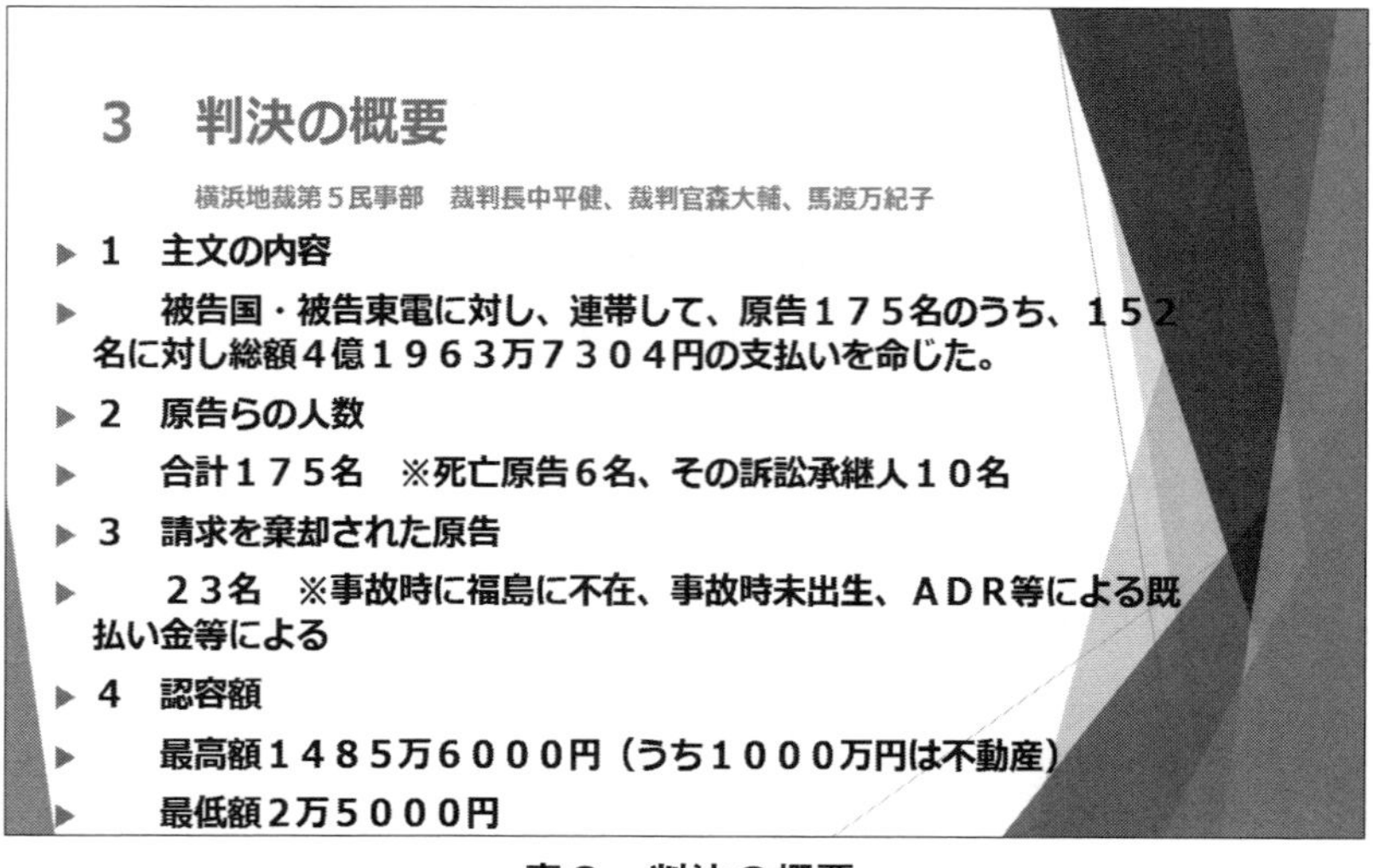

3　判決の概要
横浜地裁第５民事部　裁判長中平健、裁判官森大輔、馬渡万紀子
1　主文の内容
被告国・被告東電に対し、連帯して、原告１７５名のうち、１５２名に対し総額４億１９６３万７３０４円の支払いを命じた。
2　原告らの人数
合計１７５名　※死亡原告６名、その訴訟承継人１０名
3　請求を棄却された原告
２３名　※事故時に福島に不在、事故時未出生、ＡＤＲ等による既払い金等による
4　認容額
最高額１４８５万６０００円（うち１０００万円は不動産）
最低額2万５０００円

表２　判決の概要

棄却されてしまった方がいらっしゃいました。残念ながら二三名の方が棄却されていますので、全体としては「勝訴」と言いつつも、非常に厳しい部分があります。やはり、こういった方々も含めて、控訴審できちんと立て直していかないといけないと考えています。

認容額につきましてはこの後細かく見ますので、最高額の一四八五万六〇〇〇円と最低額の二万五〇〇〇円という数字だけ示しておきます。

◆判決を理解するための三つのポイント

次に、判決の解説をする上で、細かいお話しをしてもなかなか理解が難しいと思いますので、ポイントを三つに絞りました。実は、お話をする際の便宜という意味だけではなく、この訴訟で特に重点的に求めていたポイントがこの三つでしたので、それに沿ってお話を進めます。

一つ目は、国の国家賠償責任が認められたかどうか。これは国の法的責任に繋がります。背景には、東電が責任を負うかどうかという点があります。原賠法（原子力損害の賠償に関する法律）という法律上は、東電は過失の有無にかかわらず賠償責任を負うので（無過失責任）、これはあえてクリアしなくてもいいハードルになっているんですが、この訴訟の中では、東電の責任を明確にし、さらに国の規制権限不行使という責任を明確にする、という二つをセットにして、被告らの責任の明確化を進めてきました。これが一点目のポイントです。

二つ目は、先程出てきた実際の被害者の方々の賠償のうち、慰謝料の金額が生活の再建のために、あるいは生活を奪われたことに対する補償として、正当なものになっているかどうか。これが二点目の大きなポイントになります。

三つ目が、一つ目、二つ目の争点に関わる、あるいはこの訴訟の根幹の部分になりますが、低線量被曝の健康影響がきちんと司法判断として認定されたかどうか。この点が直接的には区域外の避難者の賠償に関連してきます。この三つを今回の訴訟の大きなポイントとしてまいりました。これからこの三つに則してご説明いたします。

◆国家賠償責任について

一つ目のポイントは、国家賠償責任について。これはかなり細かい話になりますし、今日の全体の話とテーマがずれるところがありますので、簡単に触れることにします。結論としましては、国の国家賠償責任自体は認められました。従って、国が今回の事故に対して法的賠償責任を負う、という点は明確になったわけです。ですので、今回の事故は東電が原子力発電所の運営の中で起こした事故であって、国はそれに直接的には責任は負わないんだ、と一歩退いたスタンスで国が主張している部分は、これを以ってきちんと断罪されたと言えると思います。

ただその理由が、かながわの判決では、全国の集団訴訟の中ではやや特殊なものでした。一般的には東電の役員の刑事訴訟でも、あるいは、これまでの全国の集団訴訟で、国の責任を認めたものでも、二〇〇二年に政府の地震本部が出したいわゆる「長期評価」(「三陸沖から房総沖にかけての地震活動の長期評価について」)という知見があり、それに基づいて国の責任を認めていました。ところが横浜地裁判決は、それより時点の遅い、貞観津波に関する二〇〇九年の知見によって、これを認定しています。

二〇〇二年のものより二〇〇九年の方が時点は遅いんですが、実際の国の内部の役人のメールのやりとりだとか、あるいは東電とのやりとりも含めて、かなり資料がたくさん残っているんですね。おそらく裁判所としては、より証拠が揃っている二〇〇九年の方に引っ張られてしまい、それによって今回責任を認める方向に行ってしまったのではないか、と我々は考えています。ですので、今回の横浜地裁の判決は、非常に手堅くまとめようとしている傾向があります。自分で勇気をもって判断するというよりは、手堅いところでおさえようという姿勢が見えます。

実はそういうところが、全国の訴訟の中でも特殊な、貞観津波の知見を採用したところに繋がっている、と我々は評価しています。この辺りは、主流の流れとはちょっと違う論理を使っていますので、ここは控訴審において、国側もいろいろ言ってくるでしょうし、我々もかなり押し返していかないといけない、と考えています。

◆慰謝料額について

次の話に進みます。今度は慰謝料の金額に着目して進めたいと思います。今回、横浜地裁の判決は、慰謝料の金額に関してどういう結論を出しているのでしょうか。まず、全国の集団訴訟の判決が、前橋の裁判所を皮切りに蓄積されてきており、その中で徐々にではありますが、前進してきているところがあります。具体的に言うと、国や東電が定めた「中間指針」などの賠償基準がありますが、横浜地裁判決が示した賠償額は少なくともその水準は超えている。特に、避難指示が出ていた区域で、居住制限区域、避難指示解除準備区域に関しては、今まで不合理な格差が相当あった部分を、一定程度是正しています。具体的な地名を挙げると、富岡、浪江、小高では居住制限区域と避難指示解除準備区域の賠償水準が、今までの帰還困難区域、双葉、大熊などとかなり差がついていたんですが、そこが一定程度狭まってきているのは、横浜地裁判決の中で特徴的な点です。

これは横浜地裁判決における慰謝料の表になります（表3）。簡単に言うと、慰謝料額が帰還困難区域から階段状になっていたんですが、一番中心区域とその外側の区域の金額を、従前の基準よりは、階段の段差が急だったところをなだらかにしている、というのが避難指示区域内で見て取れるところです。ただし他方で、いわゆる避難指示が出ていない区域に関しては賠償の水準が大きく落ち込みますので、避難指示があったかなかったかという意味での格差は依然として非常に大きなままになっています。

慰謝料額に関して正確に理解してもらうために、資料（表4）をご覧下さい。横浜地裁の判決はどういう判断をしているかを、三つに分けてご説明します。第一に、原告が求めていた避難慰謝料を、概念としては認めています。第二に、原告側の求めてい

当裁判所が認める避難慰謝料(A)	日額2000円	
当裁判所が認めるふるさと喪失慰謝料(B)	帰還困難区域	1500万円
	居住制限区域（5年以上）	1300万円
	居住制限区域（5年未満）	1000万円
	避難指示解除準備区域（5年以上）	1200万円
	避難指示解除準備区域（5年未満）	900万円
	特定避難勧奨地点（南相馬市）	（600万円）
	南相馬市避難要請地点	150万円
当裁判所が認める自己決定権侵害慰謝料(C)	緊急時避難準備区域	250万円
	旧屋内退避区域	150万円
	その余の浜通り，中通り北部及び中通り中部	原則として30万円。 子ども，妊婦は原則100万円。 養育すべき子のいる親がその子とともに避難した場合は原則60万円。

表３　判決の概要――慰謝料額（1）

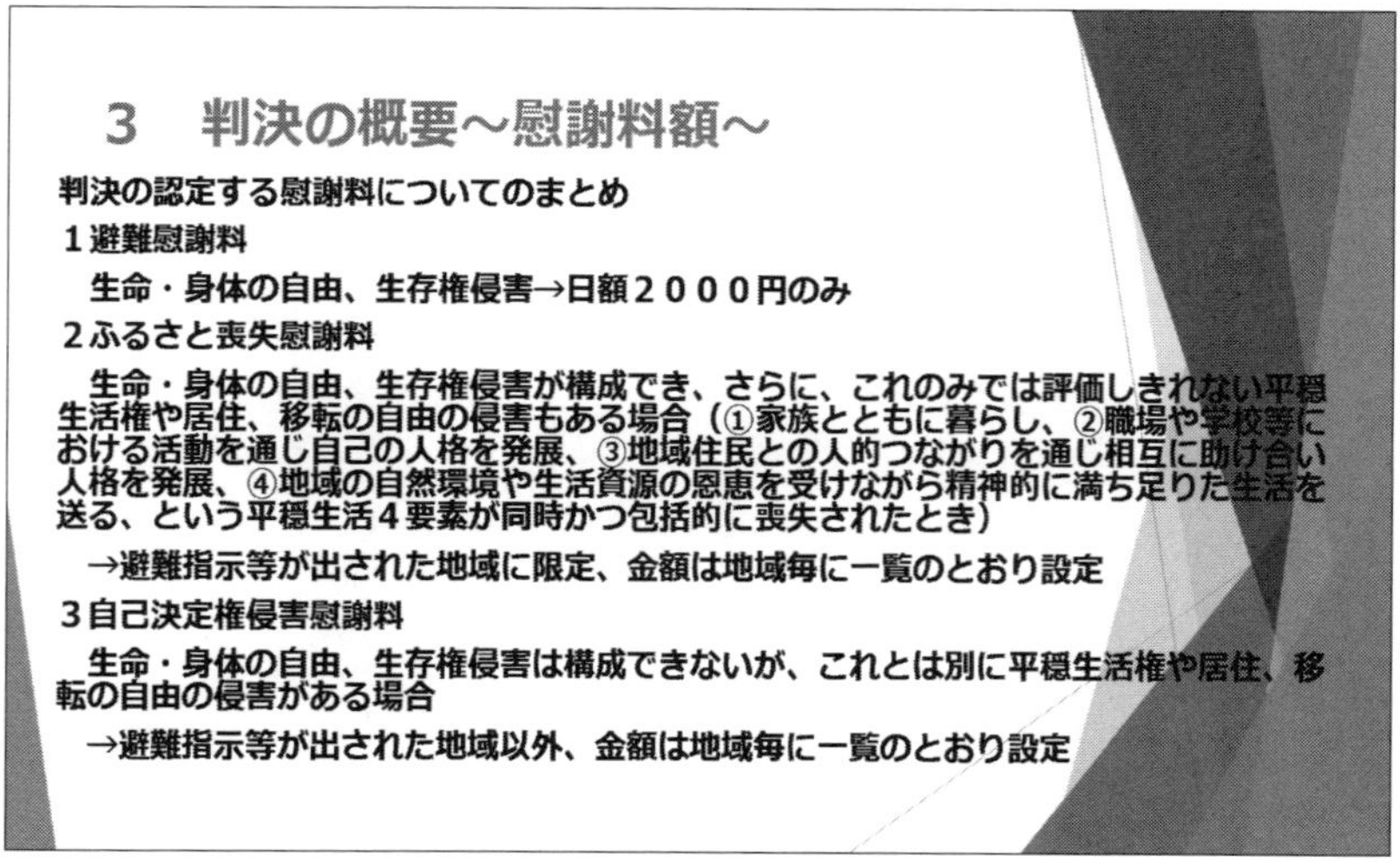

判決の認定する慰謝料についてのまとめ
１避難慰謝料
生命・身体の自由、生存権侵害→日額２０００円のみ
２ふるさと喪失慰謝料
生命・身体の自由、生存権侵害が構成でき、さらに、これのみでは評価しきれない平穏生活権や居住、移転の自由の侵害もある場合（①家族とともに暮らし、②職場や学校等における活動を通じ自己の人格を発展、③地域住民との人的つながりを通じ相互に助け合い人格を発展、④地域の自然環境や生活資源の恩恵を受けながら精神的に満ち足りた生活を送る、という平穏生活４要素が同時かつ包括的に喪失されたとき）
→避難指示等が出された地域に限定、金額は地域毎に一覧のとおり設定
３自己決定権侵害慰謝料
生命・身体の自由、生存権侵害は構成できないが、これとは別に平穏生活権や居住、移転の自由の侵害がある場合
→避難指示等が出された地域以外、金額は地域毎に一覧のとおり設定

表４　判決の概要――慰謝料額（2）

た「ふるさと喪失慰謝料」も、概念としては認めている。第三に、我々が使っていなかった、求めていなかった「自己決定権侵害慰謝料」というものを、裁判所は独自に設定してきました。ですので、第一、第二は我々が求めたもの、第三は裁判所が独自に考えたものになります。

もう一つ言うと、第一、第二の内容も、我々が求めたものとは違います。そして、国が主張していたものとも違います。裁判所は独自にこういった分類をして、慰謝料の内容を、自分の頭で考えて作り出している。この慰謝料の内容に関しては、細かく見ると、今言ったふるさと喪失慰謝料と自己決定権侵害慰謝料を、全体的に元々の基準よりは増額してきています（表５）。

ふるさと喪失慰謝料や自己決定権侵害慰謝料とはどういうものなのか、少し説明しておきたいと思います。こちらが被害の概念図です（図１）。左が避難指示等対象区域内における従前の状況を再現したものです。右が区域外における状況です。

簡単に言うと、いずれも、A「ふるさ

3　判決の概要～慰謝料額～

中間指針及び東電自主賠償基準	2019.2.20 横浜地裁判決
■避難指示区域	ふるさと喪失慰謝料 自己決定権侵害慰謝料
①帰還困難区域（+大熊町・双葉町）→総額 1450万円	ふるさと喪失慰謝料 50万円の増額 総額 1500万円）
②居住制限 →850万円 ③避難指示解除準備区域→850万円	ふるさと喪失慰謝料 50～550万円の増額 楢葉町総額 900万円、富岡、浪江、小高等総額 1200万円～1400万円）
④特定避難勧奨地点 →累計 250万円または 490万円	ふるさと喪失慰謝料　※実際の原告なし 110～350万円の増額 総額で 600万円程度）
⑤一時避難要請区域 南相馬市鹿島区）→累計 70万円	ふるさと喪失慰謝料 80万円の増額 総額 150万円）
■中間区域	
⑥緊急時避難準備地域 →累計 180万円、高校生以下 215万円	自己決定権侵害慰謝料 35～70万円の増額 総額 250万円）
⑦屋内退避区域 30km圏内のうちいわき市の一部）→累計 70万円	自己決定権侵害慰謝料 80万円の増額 総額 150万円）
■避難指示区域外	
⑤自主的避難等対象区域 ○18歳以下・妊婦　52万円(実際に避難した場合 72万円) ○上記以外の者　12万円	自己決定権侵害慰謝料 ○子ども・妊婦　100万円（28～72万円増額） ○避難した養育親　60万円（40～56万円増額） ○上記以外の者　30万円（18～26万円増額）

表５　判決の概要――慰謝料額（3）

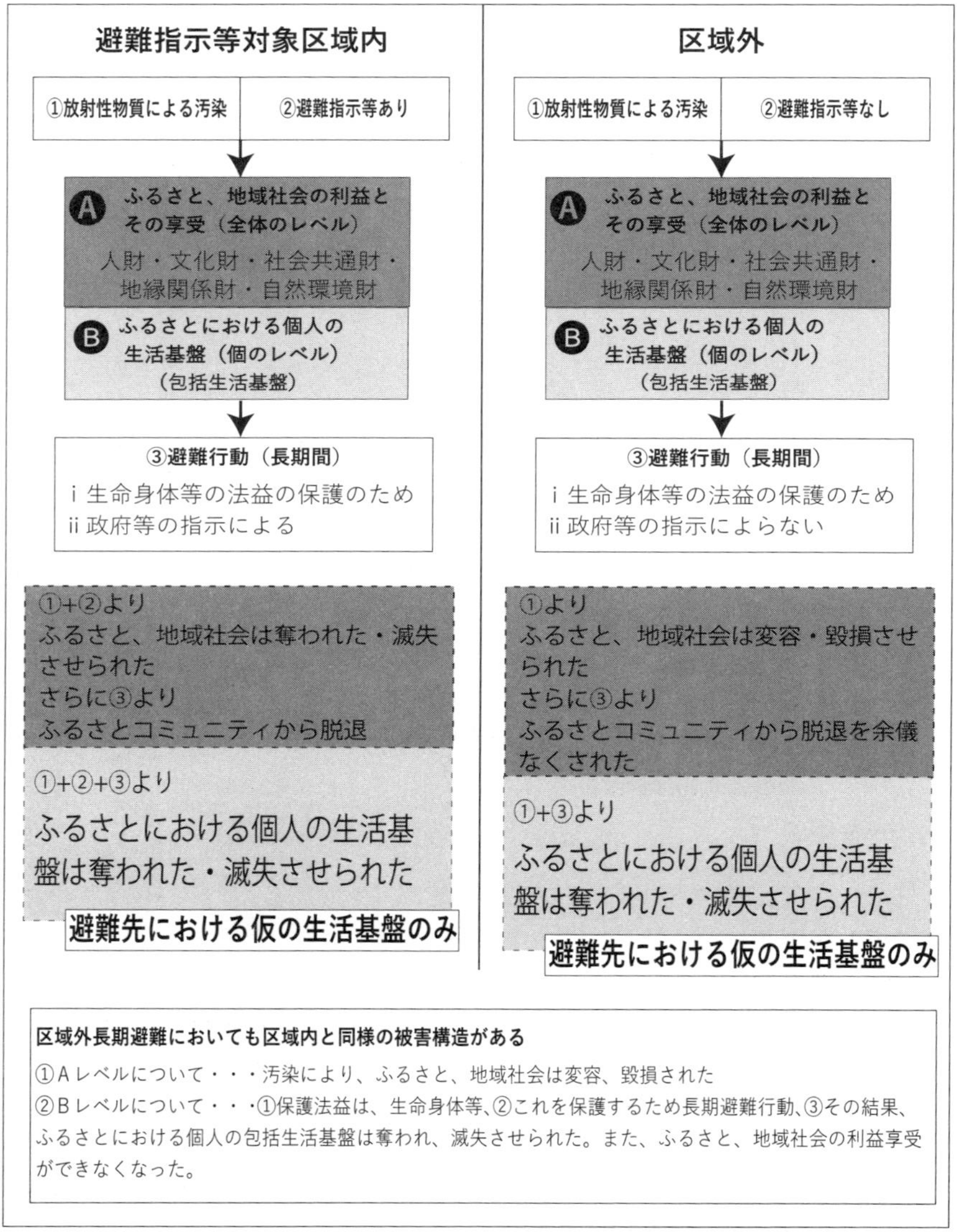
避難指示等対象区域内
①放射性物質による汚染
②避難指示等あり
A ふるさと、地域社会の利益とその享受（全体のレベル）
人財・文化財・社会共通財・地縁関係財・自然環境財
B ふるさとにおける個人の生活基盤（個のレベル）
（包括生活基盤）
③避難行動（長期間）
i 生命身体等の法益の保護のため
ii 政府等の指示による
①+②より
ふるさと、地域社会は奪われた・滅失させられた
さらに③より
ふるさとコミュニティから脱退
①+②+③より
ふるさとにおける個人の生活基盤は奪われた・滅失させられた
避難先における仮の生活基盤のみ
区域外
①放射性物質による汚染
②避難指示等なし
A ふるさと、地域社会の利益とその享受（全体のレベル）
人財・文化財・社会共通財・地縁関係財・自然環境財
B ふるさとにおける個人の生活基盤（個のレベル）
（包括生活基盤）
③避難行動（長期間）
i 生命身体等の法益の保護のため
ii 政府等の指示によらない
①より
ふるさと、地域社会は変容・毀損させられた
さらに③より
ふるさとコミュニティから脱退を余儀なくされた
①+③より
ふるさとにおける個人の生活基盤は奪われた・滅失させられた
避難先における仮の生活基盤のみ
区域外長期避難においても区域内と同様の被害構造がある
①Aレベルについて・・・汚染により、ふるさと、地域社会は変容、毀損された
②Bレベルについて・・・①保護法益は、生命身体等、②これを保護するため長期避難行動、③その結果、ふるさとにおける個人の包括生活基盤は奪われ、滅失させられた。また、ふるさと、地域社会の利益享受ができなくなった。

図１　福島原発事故による被害構造についての整理（避難指示区域と区域外の異同）

と、地域社会の利益とその享受（全体のレベル）」が示すように、福島にふるさとがあり、その地域社会全体の中に、地域社会の利益、例えば人との交わりがある、文化的な財産がある、あるいは社会の共通財がある。そして福島だと、地縁が特に強く残っている、自然環境の豊かさを享受できる。これらが地域に存在していた財産です。

次に、B「ふるさとにおける個人の生活基盤（個のレベル）」が示すように、実際に避難者の皆さんが自分の生活基盤を形成し、自分の仕事、お子さんであれば学校生活において、あるいは地域で生きていく中で、それぞれ個人の生活があったわけです。それが、放射性物質による汚染によって、この地域と個人の生活基盤の両方のレベルで大きく影響を受けることになりました。そして「避難指示等あり」、「避難指示等なし」とありますが、放射性物質の汚染に加えて、更に避難指示等が加わることで、実際に避難行動が生じました。この避難行動が長期化することによって、ふるさと、地域社会の利益が奪われ、喪失させられてしまった。そして、個人がふるさとのコミュニティから切り離されてしまった。

個人の生活基盤も、これに伴って失われていきます。特に避難指示が出ていた方の場合、長期間の避難指示があり、かつその中で、実際に生活基盤が——帰還できないということから——客観的に、明確に失われたということがあります。避難指示区域内の損害が生じた場所に関して、横浜地裁判決は、こういった被害の全体像を、ふるさと喪失慰謝料という言い方をして、実際の個人の生活基盤、あるいはふるさとでの利益を享受することが失われた、ということまでは認定しました。その上で、こういった被害を、ふるさと喪失慰謝料として一定の賠償を認めるべきだということにしました。従って、金額が十分でないという点はありますが、一応被害の捉え方としては大きくずれてはいないと思っています。

問題は図1の「区域外」の部分で、避難指示が出ていない区域について示したものです。違いは何かというと、まずは避難指示が出ていたかどうかの一点です。それに伴って、避難の期間がどれだけ長期化せざるを得なかったか、という点が実際上は、皆さんの行動を見ると、少し差がある部分です。ですが構造的には、元あった財産が長期の避難行動によって失われた、という点では同じです。従って原告側としては、これらを避難指示区域内であっても外であっても同一であるとして、今回請求をしています。ですが裁判所は、区域外の場合、ふるさと、地域社会が変容、毀損されたという点、それから個人の生活基盤が失われたという点には直接踏み込まず、損害自体を大きく認めていない、と我々は評価しています。

避難行動が合理的かどうかに関しても様々な意見があるということで、裁判所の認定としては被害実態を踏まえずに、かなり独自の論理を構成して、そこで一定の賠償額だけを認めています。この点は、皆さんに是非知ってもらいたかったのでご紹介しました。話を戻します。

先程見た通り、第二のふるさと喪失慰謝料というのは、避難区域内において認められているものです。裁判所はこれを、平穏にそこで生活する権利が侵害されている場合の慰謝料として構成しています。これがどうして地域ごとに格差があるのかなど、様々な問題点はありますが、この概念自体を認めた点は我々は評価しています。ところが、第三の自己決定権侵害慰謝料というのがちょっと曲者です。裁判所はこれを、先程の避難指示区域外の方々に共通する損害として認めています。結局、避難元の地域における権利侵害をはっきり正面から認めているというよりは、避難しなければいけないのか、あるいは避難せずにその地域に留まって一定の被曝を甘受するのか、この選択を迫られること自体が慰謝料を構成する、ということです。個人個人が避難するかどうかを迷う、ということに二〇一一年に各自が直面した時点で権利侵害があった、という考え方です。そうすると、その後実際に避難を続けて生活が破壊されていっているという部分は、評価の外に置かれている。単純に、避難する時点の意志決定の問題に置き換えてしまっている。これが今回の判決の慰謝料の特徴的な点です。ですから、我々が主張している損害の実態には判決はまったく入り込んできていない。従って慰謝料額が低い。こういう関係になっています。

　こうした慰謝料額をどう評価すべきか、という点について話を進めていきます。慰謝料額に関しては、今見てきたように、被害の捉え方が特に区域外において十分ではない、という点が特徴的でした。従って、全体の評価としては、帰還困難区域、それから中間区域、あるいは区域外全体において、中間指針等のような賠償基準に対して全区域で一定の上乗せはありましたが、わずかな前進にとどまっている、という評価になります。

黒澤　知弘氏

　判決は、中間指針等のような国や東電が決めた賠償基準が合理的かどうかという点について、それだけがすべてではない、従ってそれを直接採用することは困難である、と言っているんですが、結果としては、実際に行われている賠償基準に相当引っ張られてしまって、全体の基準が低水準にとどまっている。ですので、判決には直接出てきませんけれども、やはり結果としての影響は否定できないと見ています。従って、現状の賠償を大きく動かすだけの勇気は裁判官にはなかった、ということになります。

　実際に被害の実相に見合った金額かどうかという観点で見てみますと、やはり生活基盤、ふるさと喪失の実相に見合った金額とはまだまだ言い難いところがあります。これらをしっかり理解させないといけないのですが、実際に失ったものの大きさ、避難先でもう一度生活基盤を回復するためにどれだけ時間と労力がかかるのかがまったく考量されていない、という大きな問題があると考えています。

◆低線量被曝の健康影響について

それから被曝についてですが、避難者は被曝による生命、身体の危険を回避するために今回避難行動を取っている、ということが実態としてあります。この点に関して、裁判官は理解が不足していると言うことができます。本来であれば、避難者は、避難指示如何によって区別されず、実際の避難行動の合理性があれば被害の表われ方は同様になる、と我々は考えています。ところがこの区別が、避難指示の有無の二者択一でなされている。かつ、これが実際の避難者の慰謝料額の大きな差になっています。本来は、避難行動を取った者としての共通損害があるはずですが、その評価があまりにも低いと考えられます。従って控訴審においては、これらをきちんと主張し、立証を重ねていきたいと考えています。

今日はこの後、崎山先生のお話もありますので、被曝の健康影響に関して掘り下げていきたいと考えています。特に今見た通り、避難指示が出ていない区域の方々に関しては、非常に低い賠償水準になっています。その前提として、被曝の現状がきちんと認定されていないところがあります。まず、この点に関わる裁判所の結論を紹介します。今回我々は、低線量被曝の健康影響を重要な争点としています。実際上、ここが判決において全体の心証を取る上で極めて重要だということを、我々はずっと強調してきました。ところが結論としては、区域外の避難者の慰謝料に関しては、先程見た通り、自己決定権侵害、つまり避難するかしないかの二者択一で判断されている。判決はこの点を、意志決定する際の権利侵害としてしか捉えていないので、我々が正面から扱ってきた低線量被曝の健康影響に関して、踏み込んだ判断をしていません。判決の補足説明の中で簡単に触れただけになっています。

その補足説明の中で特徴的なのは、被曝の健康影響に関する主張を退けている点です。他方で、国側の主張も退けています。結局、判決に特徴的なのは、自己決定権侵害慰謝料が生じるかどうかについては、健康に悪影響を及ぼし得る放射性物質の飛来の可能性の程度を見ながら、裁判所が公平の観点から量定しますよ、つまり私たちが決めますよ、と宣言している点です。その上で、放射線医学、疫学研究上の専門的知見は直接的な判断基準とはならない、と言っている。

どういうことか。判決は、国の言い分はわかりました、原告側の主張もわかりました、自分たちは双方の専門的な知見を直接的な判断基準としません、と退けて、言わば裸の社会通念において裁判官が自分で決めます、と議論を引き取ってしまっているんですね。こうしたやり方で、避難の合理性や被曝の健康影響が損害賠償に関係するかどうかは裁判所なりの基準で決めていきます、としている。従って、今回我々が主張してきたような専門的論争が、すべて肩すかしになってしまっている。専門的論争を肩すかしにしつつ質が悪いのは、しきい値なし直線（LNT）モデルを直接の基準にできないと言っている点です。生物学的に見るとがんの発症リスクが上昇することはあるでしょう、ただ、それは疫学的に実証されたものではない、ここをクリアできない限りは実証未了のリスク要因であるから、自己決定権被害が生じ得るかどうかは被曝の論争だけでは決まらない、と引き取って、裁判所なりの基準で決めていく。こうした判断枠組になってしまっています。

問題は、裸の社会通念ということで、科学的知見を排除してしまっている点です。この点は極めて大きな問題です。これに関しては東京地裁の水野コートの判決（福島原発被害東京訴訟判決、二〇一八年三月）があり、ＬＮＴモデルは科学的事実と考えることは合理的だと言っていました。原爆症の東京高裁判決（二〇一八年三月）も、「固形がんのしきい値は観念されないというべきである」と言っていました。今回の判決は、こういった判例の蓄積も無視するもので、かなり不合理なところがあります。また、放射線の健康影響についても大きく過小評価しており、騒音、汚水、煙のような他の公害と並列しています。従って我々は、裁判所の思考の根底が大きく間違っていたと考えています。

今後については、悩ましいところですが、やはり科学的な知見を踏まえた社会通念でないといけない、裸の社会通念ではいけない、こういった判断枠組みをもう一度裁判官にきちんと持たせたい。それから、これまでの司法判断の蓄積を決して無視してはいけない。これは、裁判所の裁判官であれば通常は持っている常識だと思いますので、ここを大きく打ち出していきたい。その上で、放射線の健康影響については、さらに主張、立証していきたいと考えているところです。

◆今後の展望について

最後に、簡単に展望を申し上げておきます。集団訴訟全体は、今年度で大きく動く可能性があります。訴訟の判決、高裁レベルの判決も相当出てくると予想されています。それに対応して世論が盛り上がればいいんですが、どうも関心が低下してきているように思われます。やはり我々は、一人の被害者も泣き寝入りさせてはいけないという原点に立ち戻って、世論をきちんと盛り上げつつ、集団訴訟全体の動きに合わせて、より大きな運動、関心の波を引き起こしていかなければならないと思っております。

前田　黒澤さん、ありがとうございます。横浜地裁判決だけを読んでもわからないことが多々残りますが、裁判過程を踏まえて、判決文の意味内容を解説していただきました。他の各地で闘われている避難者の裁判判決との比較も重要です。また、国際的な議論も頭の片隅において分析していく必要があります。

避難者の権利や低線量被曝の関連では、世界保健機関（WHO）の姿勢も大いに気になるところです。WHOが国際原子力機関（IAEA）に引きずられていたことは周知のことですが、これに対して、WHOはIAEAから独立せよと要求する運動にも取り組まれてきました。欧州では「インデペンデントWHO」と言って、WHOはIAEAから独立して、チェルノブイリやフクシマの現実に正面から向き合うように求める運動があります。

現在、ジュネーヴのWHO本部の入り口付近に

写真２　「インディペンデントWHO」によるヴィジルを記念する碑
（ジュネーヴ、WHO本部入り口付近）

記念碑が立っています（写真２）。碑文には、「過去、現在及び将来の原子力被害者すべてのために、二〇〇七年四月二六日から二〇一七年四月二六日までインデペンデントＷＨＯはここでヴィジル（要請行動）を行った」と書かれています。四月二六日と言うのは、一九八六年にチェルノブイリ原子力発電所事故が起きた日付です。

　インデペンデントＷＨＯは、チェルノブイリ事故から二一年目となる二〇〇七年以来、ＷＨＯの前で、無言の監視活動を行いました。ＷＨＯが放射能汚染の危険にさらされている人々を守るという使命を果たすために、一九五九年にＩＡＥＡとの間で締結した協定（ＷＨＡ12-40）の見直しを求めたのです。この協定のため、ＷＨＯは、イオン化放射線に関する研究において、原子力の利用を世界的に推進する機関であるＩＡＥＡの規制下に置かれているからです。一〇年間、月曜から金曜までここで要請行動、アピール運動が続きました。その一場面をご覧下さい（写真３）。これは二〇一三年八月の写真です。看板にチェルノブイリとフクシマと書かれてい

写真３　ヴィジルの様子（2013 年 8 月）

ます。ヴィジルは一〇年間で終了し、先ほどの記念碑が建てられました。

原子力をめぐるせめぎあいは、日本でも国際社会でも続いています。チェルノブイリとフクシマは、人類史においていかなる意味を持ってしまったのか。このことを問い続ける必要があります。

それでは、元京都大学原子炉実験所助教の小出裕章さんから、原発問題の基本に遡ってお話しいただきます。

2　巨大な危険を内包した原発、それを安全だと言った嘘

小出裕章

小出　黒澤さんが、ふくかな訴訟判決について非常に詳しく紹介して下さいました。国の責任を認めた、東電の責任を認めた、勝訴ですね。でも私から見ると、そのことは当たり前のことにしか見えない。問題は非常に賠償が少なすぎることで、何なんだこれは、と私は思いました。こういう判決を続けさせてはいけない、とむしろ思います。黒澤さんには大変申し訳ないし、原告の方々の長い苦労があったわけですから、それを否定するような発言はもちろんしたくありませんけれども、裁判というものはあまりにも酷すぎる、というのが私の感想です。原発というものはそもそも何なのか、それを国と電力会社がどのように扱おうとしてきたのか、という話を今日は聞いていただこうと思います。

全国の原発訴訟はこれまでに五回、国の責任を認めています。もちろん全部の訴訟で、東電の責任を認めています。その根拠というのは、大きな津波が来ることが予見できたかどうかということと、それから予見できた場合に、国として事故にならないよう回避する指示が出せたかどうか、という点をめぐってこれまでのすべての裁判が争われてきたように、私には見えます。しかし、もし東電が予見できなかったら、東電には罪がないのでしょうか。津波が来るのがわからなかったなんて、それだけで罪だろうと思います。また国は、予見できてもちゃんと指示を出さなかった。しかし、たとえ指示を出したとしても、結果が回避しようがなければ無罪である、と主張している。冗談を言わないでほしい。元々事故とは予見できないからこそ事故と呼ばれるのです。予見できなかったから仕方がないなんてことに

は、決してならない。それから、結果が回避できないというのならば、初めから原発の運転など認めてはいけない、国がなぜそんなものを認めたのかと考えるべきだ、と私は思います。

◆原子力の巨大なエネルギーと死の灰の蓄積

今この図の左下に小さな四角を書きました（図1）。これは何を示しているかというと、広島の原爆が炸裂した際に核分裂したウランの重量、八〇〇グラムです。それをこの四角で表わしました。今私の手元にペットボトルの水がありますが、これは五〇〇グラムぐらいです。どなたでも簡単に持てるぐらいのウランが核分裂した途端に、広島という巨大な街が壊滅してしまうほどの猛烈なエネルギーを放出した。私は、それを知ったとき、原子力がそれほど巨大なエネルギーを出すのならば、爆弾ではなく人類の平和のために使いたい、と思うようになり、原子力の場に足を踏み込んでしまった人間です。でも、私が夢をかけた原子力発電というものをやろう

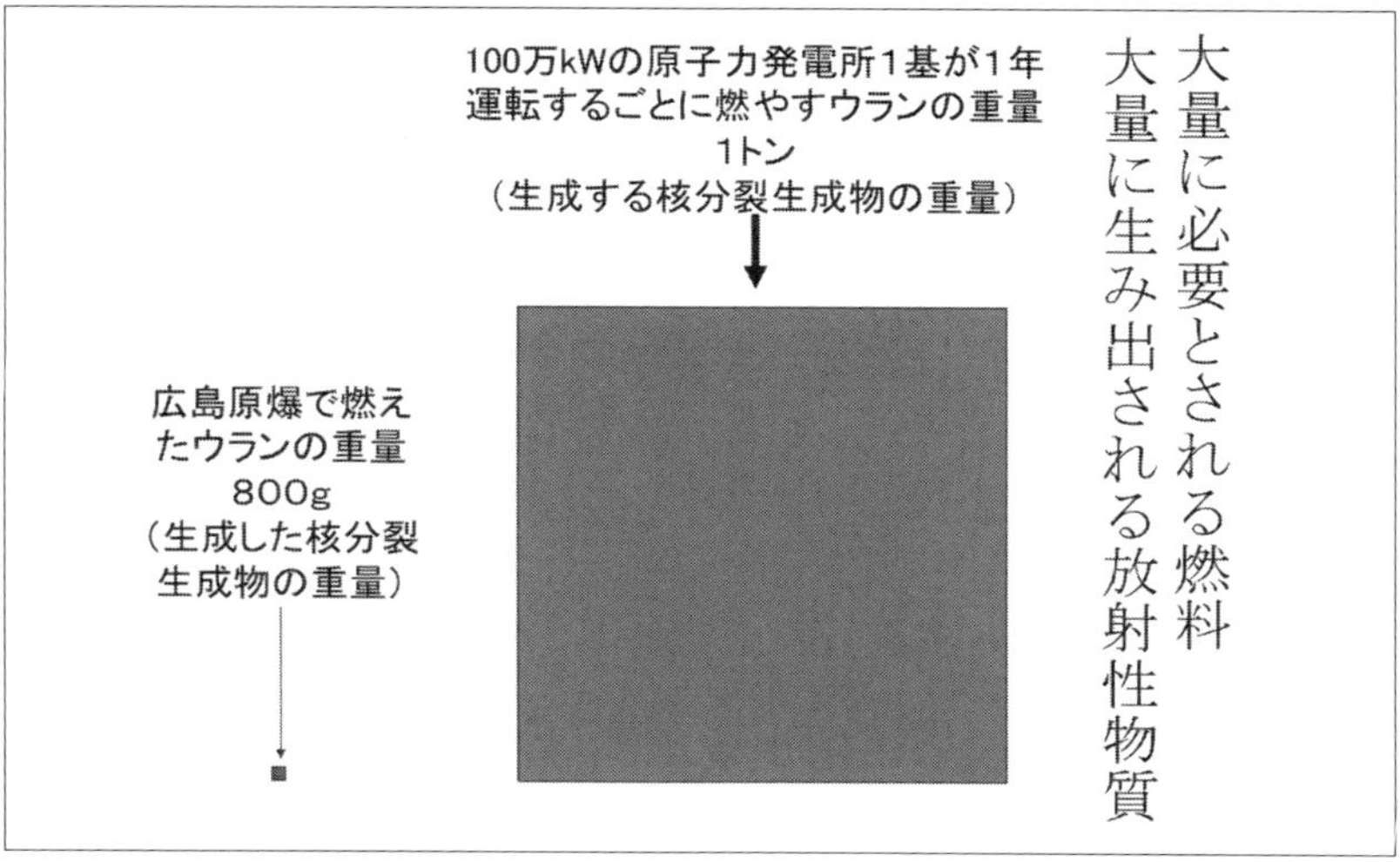

図1　大量に必要とされる燃料、大量に生み出される放射性物質

とすると、一体どれだけのウランを核分裂させせなければいけないのか。一〇〇万キロワットという原子力発電所が標準になりましたけれども、その標準になった原子力発電所を一基、一年間運転しようとすると、一トンのウランを核分裂させないと動かない。そういう機械だったのです。一つひとつの原子力発電所が大量にウランを必要としてしまうことが、一つの問題です。地球上のウラン資源というのは限られていますので、一つひとつがこんなに大量にウランを必要とするならば、地球上のウランはすぐに枯渇してしまう。私は、化石燃料がなくなったら困るから原子力だと思ったわけですが、実際には化石燃料が枯渇するより遥か前にウランがなくなってしまう。そういうことを、この図は示しているわけです。

もう一つ重要なことは、八〇〇グラムのウランが燃えたということは、八〇〇グラムの核分裂生成物、死の灰ができたということですし、一トンのウランを核分裂させてしまえば、一トンの死の灰ができる。つまり原子力発電というものは、広島の街を壊滅させたものに比べて優に一千発分以上の死の灰を、一年ごとに作っていって、それを原子炉の中に溜め込んでいく、そういう機械なわけです。

◆原発と破局的事故

事故と無縁な機械なんてありません。原発は機械です。機械は時に壊れる。事故を起こすのは当たり前なことです。今日、車でこの会場に来られた方もいらっしゃるかと思いますが、車だって時に故障するし、誰も望まなくたって事故を起こすわけです。家庭の電化製品でも何でもそうです。故障するし、発火して火事になったりする。機械はみんなそうです。それを動かしているのは人間です。人間は神ではありませんので、必ず間違いを犯す、そういう存在です。そうであれば、それぞれの機械は、小さな事故から大きな事故まで、そして原子力発電所のように巨大な死の灰を内包しているものは、破局的な事故を起こす可能性までも必ず持っている。

人間が、そんな事故を起こしてほしくない、起きてほしくないと思ったところで、起きてしまうというのが事故です。でも、原子力発電所の場合、破局的な事故が起きるということを考えてしまうと、到底そんなものを立地できない、作ること自体ができない。当たり前ですが、そうなってしまうわけです。

そこで国は、これまでどうしてきたか。破局的事故には「想定不適当」という烙印を押して、考えなくてもいいということにしてしまった。一体どういうことなのか。「原子炉立地審査指針」というものを国が策定して、その指針に則ってちゃんと安全審査をする。「重大事故」や「仮想事故」と言われているような事態を考えて、周辺住民に被害が出ないように、ちゃんと規制するんだと言っていたわけです。しかし、その「重大事故」にしても「仮想事故」にしても、格納容器は絶対に壊れないという想定だった。格納容器というのは、放射能を閉じ込めるための容器です。それが壊れないならば、元々破局的事故などは起らない。周辺に放射能が出ないことが、初めから前提にされてしまっているわけです。

なぜそんなことが言えるのか。国は、それを超える事故を考えることは技術的見地から「想定不適当」だ、と答えてきました。技術的見地というものがずっと生きてきて、専門家たちが「起きない」と言ってしまえばそんなものは考えなくてもいい、考えること自体が「不適当」だ、と言って無視してしまうことで、日本の原子力は成り立っていたのです。

◆事故の危険は過疎地に押し付けられてきた

でも、やっぱり彼らも不安だった。では何をしたのか。原子力発電所、あるいはそれに付随する核施設、核燃料施設は、都会には作らないことにしたわけです。「想定不適当」と言いながら、彼らもやはり不安があった。だから都会に建てないことにした。「原子炉立地審査指針」には何と書いてあったか。「原子炉の周囲は、原子炉からある距離の範囲内は非居住区域であること」とまず書いてあります。次に「原子炉からある距離の範囲内であって、非居住区域の外側の地帯は、低人口地帯であること」、さらに「原子炉敷地は、人口密集地帯からある距離だけ離れていること」と書いてある。彼らは初めから、こうやって決めてしまっていたわけです。

　では一体、日本で原子力発電所をどこに建ててきたのか。歴史を描いてみようと思います（図2）。一番初めは東海村です。二番目と三番目が若狭湾の敦賀と美浜です。そして福島第一原子力発電所、中国地方の島根、若狭湾の高浜、九州の玄海、静岡の浜岡、四国の伊方、若狭湾の大飯、福島第二原子力発電所、東北の女川、九州の川内、新潟県の柏崎刈羽、北海道の泊、能登半島の志賀、下北半島の東通、こうやって作ってきたのです。その他、原子力をやろうと思うと、今日この話はちゃんと聞いていただけませんが、再処理工場という途轍もなく危険な工場を必要とします。普通の原子力発電所が一年間かけて環境に放出する放射能を、一日ごとに放出してしまう。それほど危険な工場です。国は、これを青森県の六ヶ所村に押し付けようとしていました。

　二〇一一年三月一一日、福島の事故が起きる前に、日本というこの国では、二か所に新たな原子力発電所を作ろうとしていました。一つが下北半島最北端

図2　原子力発電所の分布図

の大間、もう一つが瀬戸内海のはずれの上関です。こうやって地図に描くと、もうわかっていただけると思いますが、日本の原子力発電所は、東京、大阪、名古屋という人口密集地帯、大都会から全部離して作られたのです。電気を使うのは都会です。その都会が、自分たちは電気を使いたいけれども、危険は負いたくない。だから、危険は過疎地に押し付けるということをやってきた。これが日本の原子力の歴史だったわけです。

例えば、福島第一原子力発電所の事故が起きましたが、これは東京電力の原子力発電所です。東京電力は、東京を中心とする関東地方に電力を供給する責任を持っている会社です。しかし、その原子力発電所は福島第一、福島第二、柏崎刈羽であり、すべてが東北電力の責任給電範囲です。東京電力が責任を持っていないところに、原子力発電所だけは追いい出して、長い送電線で東京に電気を送るということをやってきたのです。福島の事故が起きる前、東京電力はもう一か所、原子力発電所を建てる計画を持っていました。それが青森県の東通です。ここには今、東北電力の原子力発電所が一基だけ建っています。そこに東京電力が原子力発電所を建てて、東北地方を縦断する長い送電線を引いて、東京に電気を送る計画をしていたわけです。

今聞いていただいたように、電気の恩恵を受けるのは都会です。でも、危険を過疎地に押し付けてきた。こんな不公平で不公正なことは、ただそれだけの理由でやってはいけない、と私は思います。電気が足りるとか足りないとか、そんなこととはまったく関係ない。こういうことを絶対にやってはいけないということを、なぜ日本の人たちは理解できないのか。大変不思議に思っていました。東京の人たちが電気を欲しいと言うならば、東京に建てればいいんです。それができないまま、原子力発電所を地方に建てることは、やってはいけなかったことだと思います。

そして今、何をやろうとしているか。新規制基準というものを作って、今止まっている原子力発電所を再稼働させる。そして「新たに作りたい」とも言っていますし、「海外に輸出したい」とも言っている。

福島の事故が起きてしまって、原発の安全神話は崩壊しました。「絶対に破局的な事故は起きない」と、国は言ってきました。電力会社も言ってきました。住民の避難訓練だって「必要ない」と、ずっと言い続けてきたわけです。けれども福島の原発事故は、実際に起きてしまった。「原発安全神話」は崩壊しました。それまでの規制に使っていた基準も、すべてダメになってしまったわけです。先程聞いていただいたように、どんな機械も事故からは無縁でない。これは当たり前のことです。原子力発電というような巨大な危険を内包している機械の場合には、破局的な事故が、時には起きるかもしれないことは当たり前であり、それが事実になったということです。

ですから、これまで国や電力会社がやってきた規制の仕方が間違っていたということは、完璧にわかってしまったわけです。そうなると、原子力を推進してきた人、これから推進しようとしている人たちは、新たな基準を作る以外にないのです。従来の基準はダメだったことは、もうわかっている。どうやって新たな基準を作るか。彼らは、本当は「安全」基準を作りたかったのです。しかし、「安全」基準を作ることはもはやできない。どんなに頑張って規制したところで、その規制をすり抜けて事故が起きることが示されてしまったわけですから、「安全」基準を作ることはできない。だから新たに作られた基準は、「安全」基準ではなく、「規制」基準という名前になったのです。この「規制」基準に合致するかどうかを、原子力規制委員会が審査することになった。その新規制基準に合致するかどうかを、規制委員会が報告をする。しかし、それに適合したからと言って「安全だとは申し上げない」と規制委員会の委員長自身が度々言ってきました。そういう状態になっている。事故が起きるかもしれないことが前提にされてしまっているわけです。

◆避難計画とは「ふるさと喪失計画」である

そして、もし万が一にでも事故が起きた場合に、大切なことは何なのか。人々の被曝を防ぐということです。そのためには、住民をどうやって逃がすことができるか。避難計画が一番大切になります。その避難計画に関しては、規制委員会は責任を取らないことにしてしまった。それぞれの自治体が勝手に作れということにしてしまったのです。しかし、この避難計画が一体何なのかということを、もう一度考えてほしいのです。福島の事故が起きて、あの日の夜、初めは原発から三キロメートル以内の人たちに、避難の指示が出ました。手荷物だけを持って、迎えのバスに乗って逃げなさいという指示でした。今日この会場にいらっしゃる皆さんでも、犬や猫を飼っておられる方がいらっしゃるだろうと思います。もちろん名前は付いているでしょう。それを捨てていくんです。自分たちだけの手荷物を持ち、迎えのバスに乗った。福島には畜産家や酪農家の人もたくさんいました。牛や馬を飼っていた。そういう牛や馬には、一頭一頭名前が付いている。その牛や馬を全部捨ててきた。

そうやって逃げた先は、体育館のような避難所です。床にごろごろ寝る生活を、みんなが強いられました。その後、しばらくして仮設住宅ができたから移れと言われた。二人で四畳半一間という割合の仮設住宅です。それまでは大家族で、じいちゃん、ばあちゃん、とうちゃん、かあちゃん、子どもたち、あるいはお孫さんもいたかもしれません。大家族で生きていた家庭も、そうやって逃げる過程で、全部がばらばらにされていくことになりました。さらに、災害復興住宅にいけと追いたてられ、流れていくわけです。その過程で、地域の繋がりや、もちろん生業も失う。家族もみんなバラバラにされてしまうことになった。一体どれだけの苦難を強いられるのか。私には想像もできないほどの苦しさだったろうと思います。どうしようもなく、死んでいってしまう人もたくさんいた。自ら命を絶ってしまう、そんな人だって後を絶たずに出てきている。

避難計画というのは、一体何なのでしょうか。もちろん人々を逃がさなければいけない。速やかに逃がさなければいけないけれども、そういう計画は、同時に「ふるさと喪失計画」でもあるんです。それを自治体に作れと言う。地方の自治体だって、被害者の側になるはずです。一人ひとりの被害者も、もちろん大きな被害者ですけれども、自治体だって被害者だと思います。そういうところに計画の立案を押し付けておいて、自分たちは一切責任も取らない。今、日本の国は、そういうことを言っている。加えて、これからまた原発を再稼働させると言っているわけです。

◆福島第一原発事故の教訓とは何か

福島第一原発事故の教訓とは何なのでしょうか。私の考えは非常に単純です。もし原子力発電所で事故が起きたら、破局的な被害が生じる。だから原子力発電所は即刻廃絶しなければいけない。これが福島の事故から私が得た教訓でした。では、原子力を推進してきた人たち、普通は「原子力ムラ」という言葉で呼ばれるようになってきましたが、彼らのことを犯罪者集団だと私は思っているので、「原子力マフィア」と呼ぶようにしています。彼ら「原子力マフィア」たちが、一体どんな教訓を学んだのか。こうです。どんな悲惨な被害を出しても、誰も責任を取らなくてよい。処罰もされない。東京電力の会長、社長以下、今は裁判をやっていますが、自分は何も悪いことはしていないと公然と言い放っています。被害者は膨大にいます。被害の重さを評価することすらできないほど、膨大な被害が出ている。当然加害者はいるはずです。私は、東京電力の会長、社長以下を、重大な犯罪者だと思っています。しかし彼らは、全然その責任も感じていない。そういう人たちだったのです。国も同様です。自分たちには規制の権限がなかったと言って、知らん顔をしようとしている。

これまで日本では、五七基の原子力発電所が安全審査を合格して動いてきました。この五七基の原子力発電所は、すべて自由民主党という政党が政権を取っていたときに、内閣総理大臣が認可したのです。その自由民主党は、誰一人として責任を取っていない。実際に審査をしてきた安全審査の委員も、誰一人として責任を取らない。お膳立てをしてきた官僚たちも、誰一人として責任を取らない。そういうことになってしまっている。彼らは、怖いものはまったくないという教訓を得たのです。東京電力も、倒産するどころか、もう既に黒字になっている。被害者の被害の重さを東京電力が測って、金をばら撒けばいいだろうと、そんなことになってしまっている。そういう教訓を学んだ彼らは、もう怖くない。これから事故が起きても、誰も責任を取らないで済むし、会社も黒字のまま生き延びられる。それならば原発を再稼働して金儲けをしようと、そういうことになってしまっているわけです。

小出　裕章氏

　原発の破局的事故は決して起こらない、と国と電力会社は嘘をついてきました。明白な嘘を、ずっとついてきたのです。そういう国と電力会社なんです。皆さんにとって幸せとはどんなことでしょうか。毎日毎日の何気ない穏やかな生活が、明日も明後日も、来年もずっと続いていく、ということが普通の人の幸せであると私は思います。そうやって皆さんも生きてきたはずだし、福島の人だって同じように生きてきた。それが、ある日突然として、すべてが奪われてしまった。国と電力会社が嘘をついてきたせいです。

　たくさんの人が、家族のつながり、地域のつながり、生業までも奪われてしまい、流浪化することになりました。国の専門技術的裁量として、裁判所が原子力の暴走をずっと認めてきたんです。技術的見地から、格納容器が壊れるようなことは考えなくていい、「想定不適当」だと専門家が言っているのだから、そういう裁量に従おうということです。裁判所も全部がグルになって、原子力を進めてきたのです。私は、裁判官も「原子力マフィア」の一角だと思っています。裁判官は未だに自分たちが偉い存在で、人々の上に立つような存在だという顔をしていますが、まず初めに謝ってほしいと私は思います。

国の専門的な技術的な見地を認めて、原子力発電所を許してきたのは、裁判制度にも責任がありました。でも、彼らは決して謝らない。今また人々の上に立って、いくらお金をばら撒けばいいか、判断しようとしている。彼らには「金はいらない、元の生活を返してくれ」と言っている被害者の苦しみの重さがわからない。本当に情けないことだと思います。

多くの日本人たちは、ずっと原子力に夢を抱いてきたと思います。私自身も、初めは原子力に夢をかけてしまった。間違った夢をかけた人間ですけれども、多くの日本人は、原子力にずっと夢をかけ続けてきたと思います。福島の事故が起きて、やっと原子力がおかしいことに気づいたのかもしれません。そして酷な言い方になりますが、被害者の人々だって、事故が起きるまでは、原子力について深刻に考えたことがなかったのではないか、と私は思います。でも、これほどの被害を起こしたわけですから、二度とこんなことは起こさないことが、これまで原子力の暴走を許してきた大人の責任だと思います。二度と騙されないように、闘いたいと思います。被害者の皆さん、本当に苦難を抱えていて、大変だろうと思いますが、挫けずにこの裁判を闘い抜いていただきたいと思います。

これで終わりにします。ありがとうございます。

前田　小出裕章さん、ありがとうございます。原発問題について最も基本的なところからきちんとまとめてお話しいただき、深刻な問いを、全員で引き受けようと、みんなでこの問題をきちんと考え、さらにこの裁判を通じて闘い続けようという提起をしていただきました。

3　しきい値なし直線（ＬＮＴ）モデルを社会通念に！

崎山比早子

崎山　今日の私の話のタイトルは「しきい値なし直線（ＬＮＴ）モデルを社会通念に！」といたしました。どうしてこのタイトルを付けたのかと言いますと、先程黒澤さんからもご紹介があったと思いますが、かながわ訴訟だけではなく、前橋地裁の判断が出てからずっと、もしＬＮＴモデルが社会通念になったら、もっと補償も増えるでしょうし、原告が勝つ機会が多くなると思っているからです。だからＬＮＴモデルを是非社会通念にしたい、ということです。

例えば、地裁の判決文を読むと、「通常人ないし一般人の見地」から、あるいは「社会通念上相当である」から、避難を認めている。だから、もしＬＮＴモデルが社会通念になっていたら、裁判でもそれを採用するだろうと思うんですね。皆さんは、ベクレルやシーベルトといった単位を、事故の前から知っていらっしゃいましたか。多くの方は、知らなかっただろうと思います。事故後、全国を回って話をしていても、会場で訊ねると、事故前からシーベルトという言葉をご存じだった方は、一〇〇人に一人ぐらいの割合です。今はベクレルやシーベルトを知らない人は、ほとんどいなくなってきています。ＬＮＴモデルも、そういう形で社会通念にしてしまう。そうすれば、裁判所は、もっとそういうことを踏まえた判断をするようになると思います。地裁のレベルで、曲がりなりにもこのＬＮＴモデルを認定したのは、東京地裁だけです。他の裁判所も「認定する」と言えるようになればいいのではないかと思い、このタイトルにしました。

政府は、年間二〇ミリシーベルト以上のところから避難をさせました。けれども、その周りには、年間一ミリシーベルト以上のところがたくさんありました。そこから住民は平常状態のところに避難したわけです。それを今の政府は、何をしようとしているのか。平常状態の場所から汚染地域へと、避難者を戻そうとしている。もちろん除染はしています。しかし除染したとしても、年間一ミリシーベルト以下に戻すことはできない。しかもふるさとは、フレコンバックの山に囲まれている。それなのに政府は、手っ取り早く二〇ミリシーベルト以下ならば大丈夫だと勝手に決めて、そこへ戻そうとしているわけです。

◆損害賠償訴訟に提出された二つの意見書

避難住民による損害賠償訴訟に私が直接意見書を提出したのは千葉、京都、東京地裁です。横浜地裁でも意見書は使われたと聞いています。意見書は一三項目にわたって細かく書きましたが（表1）、要は、放射線の健康影響に関して、「しきい値なし直線（LNT）モデル」で考えるべきである。また「年

崎山意見書の内容（千葉・京都・東京地裁へ提出） –原告の避難の権利を科学的根拠に基づいて正当化–
I. 放射線が生物に与える影響のメカニズム
II. 放射線が健康に与える影響
III. 放射線による発がんのメカニズム
IV. 低線量被ばくの健康影響に関する最近の知見
V. しきい値なし直線（LNT）モデルについて
VI. ICRPによる公衆の年間被ばく線量限度はなぜ1mSvなのか
VII. 線量・線量率効果係数（DDREF）について
VIII. 放射線による非がん性疾患について
IX. ICRP勧告をどう位置づけるのか
X. 福島県民健康調査により明らかにされた小児甲状腺がんの多発
XI. 年間20mSv基準の非倫理性
XII. 低線量被ばくのリスクに関するワーキンググループ報告書批判
XIII. 長期健康調査の必要性について

表1　崎山意見書の内容（千葉・京都・東京地裁へ提出）

間二〇ミリシーベルト以下ならば大丈夫」だという基準には倫理性がないということ。これが意見書の趣旨です。

それに対して、国側から意見書が出ました。その意見書を書かれたのは、一七人の方々です（表2）。これを連名意見書といっています。その中で、佐々木康人、柴田義貞、酒井一夫の三氏は、京都の地裁で国側の証人として立たれました。一七名のうち、一人を除いて、すべて現あるいは元大学教授です。放射線の健康影響に関して、こういう先生方が大学で教えていらっしゃるわけです。また佐々木康人、遠藤敬吾、山下俊一の三氏は、日本学術会議の「放射線防護・リスクマネジメント分科会」の委員です。この人たちが、一昨年報告書を出し、これからまた提言を出そうとしています。こういう国側の安全サイドに立った人たちが、学術会議から放射線防護、特に子どもの防護に関する提言を出すことになります。

では、一七名による国側連名意見書の主張とはどういうものなのか。細かいことはいろいろあります

国側連名意見書（17名連名）

- ● 佐々木康人（元東京大學教授 元放医研理事長、他）元ICRP主委員会委員
- 遠藤敬吾（京都医療科学大学学長、他）
- 長瀧重信（長崎大学名誉教授、他、故人）
- 甲斐倫明（大分県立看護科学大学教授） ICRP委員
- 宮川清（東京大学大学院医学系研究科教授）
- 井上優介（北里大学医学部教授）
- ● 柴田義貞（長崎大学客員教授、他）
- 鈴木元（国際医療福祉大学クリニック院長、甲状腺評価部会長）
- 中川恵一（東京大学准教授）
- 杉村和朗（神戸大学理事・副学長、）
- 小西淳乙（京都大学名誉教授、他）
- 草間朋子（東京医療保健大学副学長、他）
- 山下俊一（長崎大学理事・副学長、他）
- ● 酒井一夫（東京医療保健大学教授、他） ICRP委員
- 柴田徳思（元東京大学原子核研究所、他）
- 稲葉次郎（元放医研研究総務官、他） 元ICRP委員
- 嶋昭紘（東京大学名誉教授、他）

（● 京都地裁で国側 証人、
赤字：日本学術会議 放射線防護・リスクマネジメント分科会、委員長、幹事）

表2　国側連名意見書の17名の連名者

が、まとめには次のように書かれています。「崎山意見書には放射線影響科学、放射線防護学、疫学、放射線学他関連分野で主流をなす専門家の常識的な認識と異なる事項が多く含まれている」。確かに彼らは主流です。日本では今、そういう人たちが主流であることは認めざるを得ません。でも、裁判でわかったのは、彼らもLNTモデルを否定はしていないということです。しかし、放射線量が低いところではそのリスクを証明することは難しいと言っている。ただ、実際に出てきている新しい論文を見れば、それは証明されています。そういう事実には目を向けない、と彼らは決めているわけです。そして、喫煙や肥満、野菜不足等、生活習慣のリスクに隠れてしまうため、放射線の健康への影響を証明することは難しい、と言い続けているわけです。

この連名意見書のまとめには彼らの本音が出ている、と私は思います。さらに引用します。「低線量放射線影響のリスクが大きいと見なすごく一部の「専門家」の影響で、必要以上に被ばくを怖れ、不安に駆られている人々が大勢出たことは、今こそ推進すべき福島の復興を阻害する不幸な事態である」。つまり福島の復興が重要であり、避難者が帰らないのは福島の復興の妨げになる、人々の健康がどうであれ福島に人が帰ればいい、とそんな感じの論調なわけです。例えば、避難者が帰還して、将来的に健康がどうなるのか、そういうことは一切考えていない意見書を、大学の先生方が一七人も名を連ねて出しているのです。

◆国側意見書のベースになっているのは何か

意見書のベースになっているのは何か。二〇一一年一二月に出された「内閣府・低線量被ばくのリスク管理に関するワーキンググループ報告書」というものがあります（https://www.cas.go.jp/jp/genpatsujiko/info/twg/111222a.pdf）。意見書のどこを見てもこれが出てきます。意見書を提出した学者と、ワーキンググループの多くは重なっています。キーワードとなっているのは「一〇〇ミリシーベルト」という数字です。「「国際的」な合意では、放射線による発がんのリスクは、一〇〇ミリシーベルト以下の被ばく線量では、他の要因による発がんの影響によって隠れてしまうほど小さいため、放射線による発がんリスクの明らかな増加を証明することは難しいとされる」と報告書にはあります。この報告書が出されたのは、繰り返しますが、二〇一一年一二月です。しかし、これ以後に、大規模な疫学調査の結果が様々なジャーナルに出て、こういうことは言えないとわかってしまいました。しかし、主流をなす専門家はここで思考停止をしてしまった。いくら論文が出ても、それを一切認めないわけです。

二〇一七年九月に日本学術会議の放射線防護・リスクマネジメント分科会から出た「報告　子どもの放射線被ばくと今後の課題――現在の科学的知見を福島で生かすために――」(http://www.scj.go.jp/ja/info/kohyo/pdf/kohyo-23-h170901.pdf) では、非常におかしなことを言っています。放射線のリスクと生活習慣を同列に並べて論じて、がんになるリスクと比較しているわけです（図1）。一〇〇ミリシーベルトの被曝というのは、野菜不足や運動不足、受

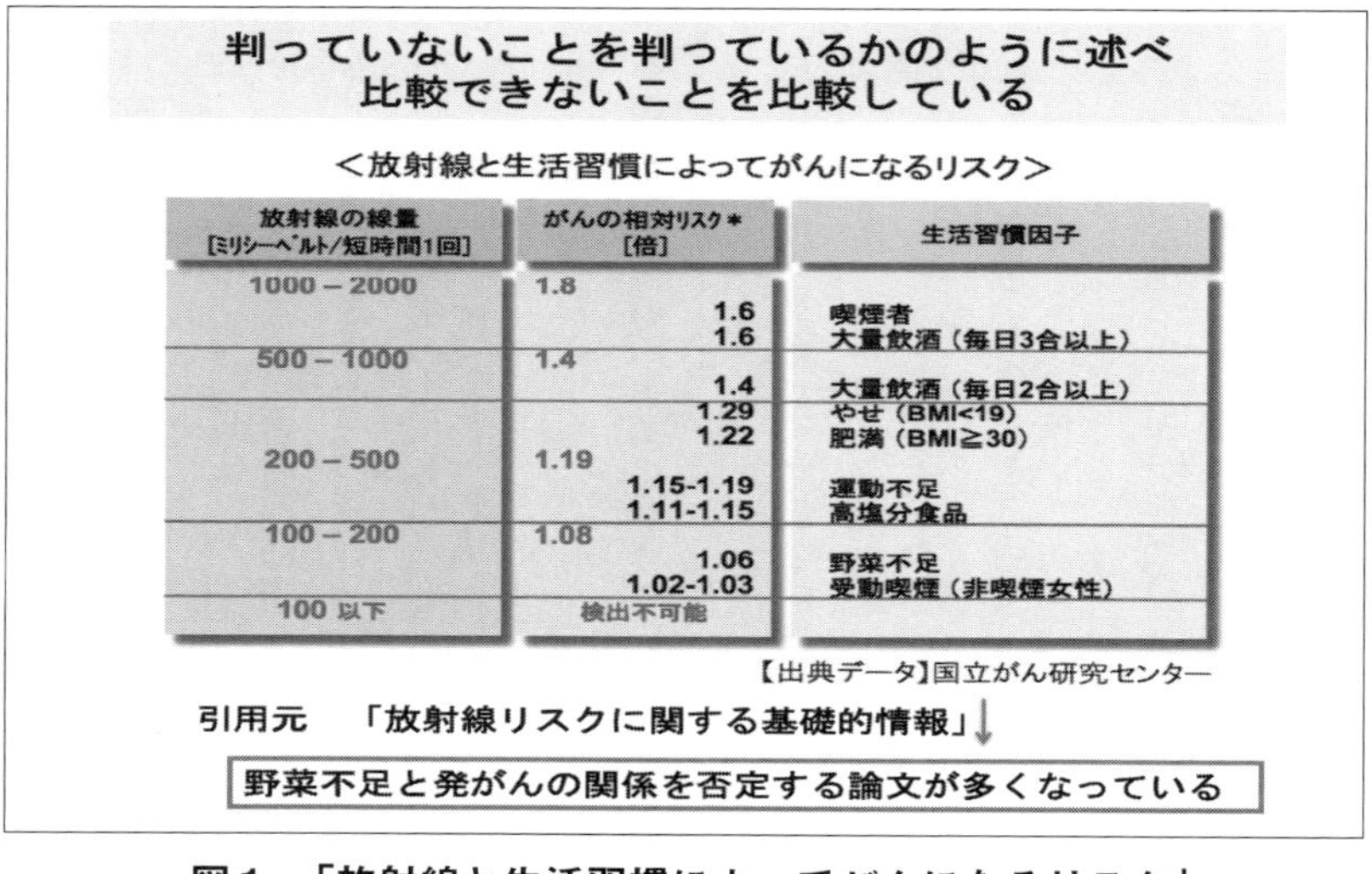
判っていないことを判っているかのように述べ
比較できないことを比較している
＜放射線と生活習慣によってがんになるリスク＞

放射線の線量 [ミリシーベルト/短時間1回]	がんの相対リスク＊ [倍]	生活習慣因子
1000－2000	1.8	
	1.6	喫煙者
	1.6	大量飲酒（毎日3合以上）
500－1000	1.4	
	1.4	大量飲酒（毎日2合以上）
	1.29	やせ（BMI<19）
	1.22	肥満（BMI≧30）
200－500	1.19	
	1.15-1.19	運動不足
	1.11-1.15	高塩分食品
100－200	1.08	
	1.06	野菜不足
	1.02-1.03	受動喫煙（非喫煙女性）
100 以下	検出不可能	

【出典データ】国立がん研究センター
引用元　「放射線リスクに関する基礎的情報」
野菜不足と発がんの関係を否定する論文が多くなっている

図１　「放射線と生活習慣によってがんになるリスク」
（環境省など10省庁「放射線リスクに関する基礎的情報」による）

動喫煙とあまり変わらないと言っている。まったく質の違うものを、同列に並べて比較するのはおかしい。「報告」を作成した際の幹事の方に問いただすと、何と言ったか。「放射線のリスクに関して、一〇〇ミリシーベルトと言ってもわからない。野菜不足とかに喩えれば、すごくわかりやすい」とおっしゃるんですね。信じられないですね。そんな報告書が、

崎山　比早子氏

日本学術会議から出ているわけです。

この図の元になった図を書かれたのは、国立がん研究センター社会と健康研究センター長の津金昌一郎氏です。彼が中心になって現在進めている「科学的根拠に基づくがんリスク評価とがん予防ガイドライン提言に関する研究」のホームページでは、「野菜・果物ともに全がんリスク低下なし」、「野菜・果物とがんとの関係を否定する研究が多い」とされ、「野菜・果物とがんの関連が見られない要因とその考察」がなされています（https://epi.ncc.go.jp/can_prev/evaluation/7880.html）。

環境省をはじめ十省庁が作った「放射線リスクに関する基礎的情報」という文書があります（http://www.reconstruction.go.jp/topics/main-cat1/sub-cat1-1/basic_info_on_radiation-risk/latest/kisoteki_jouhou.pdf）。その中にも〈放射線と生活習慣によってがんになるリスク〉という図が掲載されています。こういった図が、『小学生のための放射線副読本』、『中学生・高校生のための放射線副読本』（二〇一八年一〇月改訂、http://www.mext.go.jp/b_menu/shuppan/sonota/

attach/1409776.htm）、あるいは『放射線のホント』（復興庁、二〇一八年、http://www.fukko-pr.reconstruction.go.jp/2017/senryaku/pdf/0313houshasen_no_honto.pdf）といったパンフに踏襲されているんですね。これらの本には、「一〇〇ミリシーベルト以下の放射線のリスクは、他のものに隠れてわからない」、「一〇〇ミリシーベルトのリスクは野菜不足や運動不足とほとんど変わらない」と書かれている。

こうした『副読本』を使って教えるか教えないかは、以前は学校の先生の裁量に任されていたそうです。しかし今は、どういうスケジュールで生徒に教えるか、報告する義務を負わせている。必ずこの『副読本』を使って、放射線について教えなければいけない。そういうことになってしまった。専門家の社会的責任について考えざるを得ません。

◆発がんに関する科学的共通認識

では本当に、「一〇〇ミリシーベルト以下の放射線のリスクは、他のものに隠れてわからない」のでしょうか。皆さんもよくご存知かもしれませんけれども、DNAの変異ががんの原因になります。例えば、DNAに変異を生じさせる放射線は、原因の一つになるわけです。DNAを構成する原子は、化学結合という非常に小さなエネルギーで繋がっています。それが放射線に当たると、大きな変化を起こします。例えば、診断用のエックス線のエネルギーは、化学結合エネルギーの一万五〇〇〇倍～二万倍大きい。だから通ると複雑損傷を起こします。その損傷の運命は三つに分かれます。①相同組み換えによる修復、間違いなしの修復で、正常に修復される。これは、頻度はあまり多くありません。②修復不能となると、細胞は老化したりアポトーシスになったりする。これは老化には繋がりますががんの原因にはなりません。しかし、③再結合・塩基喪失といった間違えた修復が行われると、変異が起こり、がんの原因になる。

こういうふうに、放射線がDNAを傷つけて、治し間違いが起こると変異が起こり、それは元には戻りません。DNAの複製は非常に忠実に行われますから、いったん変異が起こると、この変異は細胞の子孫につながっていくことになります。その細胞に再び放射線が当たったりして、また傷の治し間違いが起こると、さらに別の遺伝子に変異が起こる。従って、変異は細胞の中に蓄積してゆきます。ということは、放射線のリスクもまた蓄積することになります。

発がんに関する科学的共通認識、現在の「セントラル・ドグマ」をまとめますと、ＤＮＡの損傷があり、修復ミスが起こって、突然変異が起こる。突然変異は元に戻らない。放射線に当たった細胞は、ゲノム不安定性という性質を獲得します。ゲノム不安定性を持った細胞は、変異を起こしやすい性質があります。なおかつ、ゲノム不安定性も、いったん起こると元には戻りません。そして、変異が蓄積し発がんにつながっていくということです。

また、放射線は非常にエネルギーが大きいですから、一本通ってもＤＮＡ複雑損傷を起こす可能性があります。それは発がんにつながる可能性がある。「二本鎖切断」というのは複雑損傷のことです。正しく治しにくい傷です。そういうものがどのぐらいの線量で起こるかというと、実験的には一・二ミリグレイで起こることが証明されています（グレイ＝シーベルトと考えて下さい）。そして、一・二ミリグレイから一〇〇グレイまで二本鎖切断は直線的に増加する、ということが証明されています（図２）。これは二〇〇三年に発表された研究結果ですが、それ以後は訂正されていません。少し数字に違いは生じることはあるかもしれませんが、グラフの直線性は揺るぎない事実です。

◆放射線リスクにしきい値は存在しない

このことから何が言えるのか。ある一定の線量以下では放射線のリスクがない、そういう境界の線量はないということです。放射線量に比例して、直線的に発がんが増えていく。実験的には一・二ミリグレイの数字までしか出すことはできませんけれども、エネルギーの大きさから言えば、それ以下の数字にしても、理論的には証明できると思います。

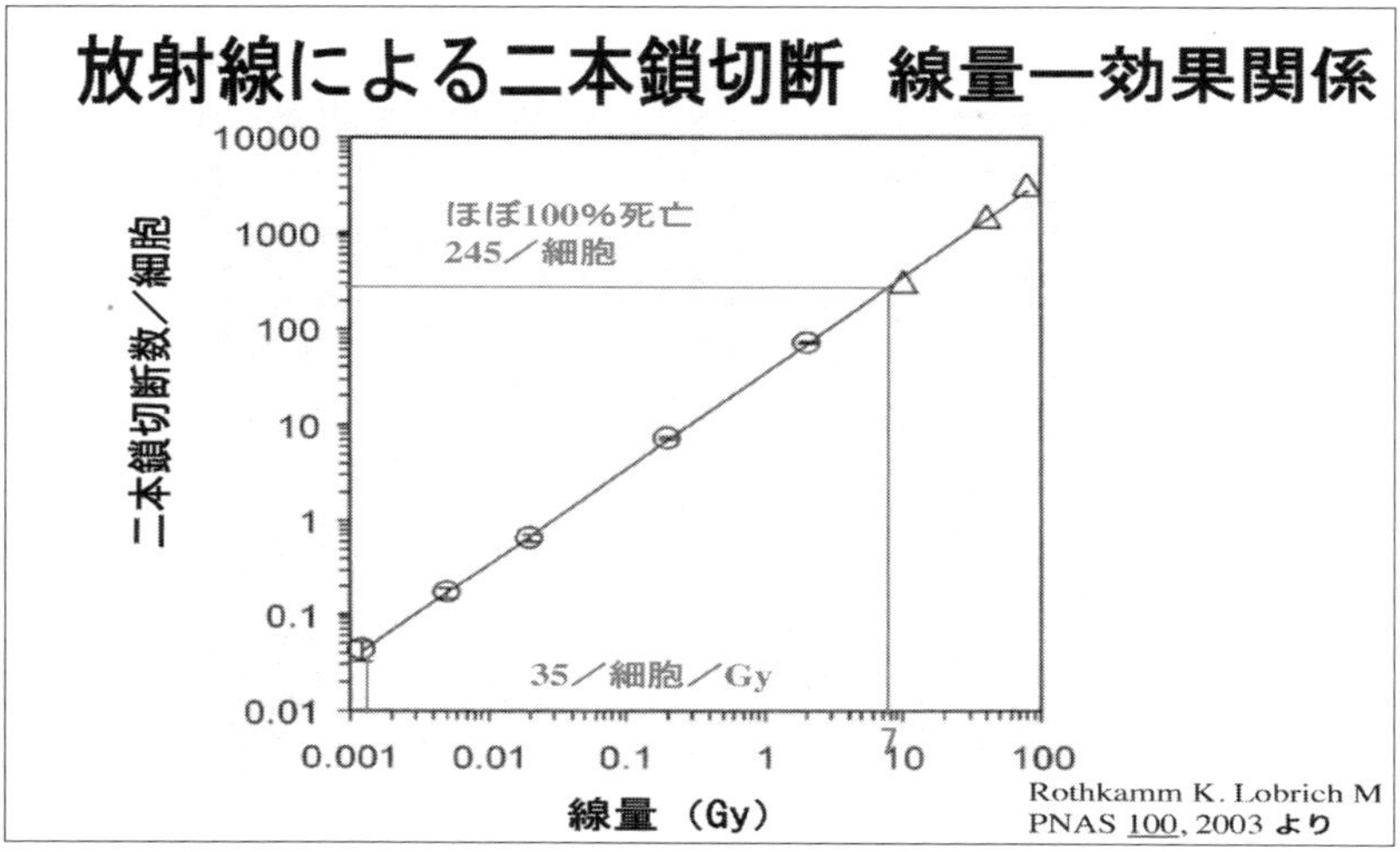

図２　放射線による二本鎖切断（線量－効果関係）

次に、こういう理論的な数値が、実際の人間に当てはまるのかどうかについてお話しします。今日は、最初から「しきい値なし直線（ＬＮＴ）モデルを社会通念に！」という話をしてきましたが、低線量被曝による発がんがＬＮＴモデルに当てはまるということは疫学調査から証明されています。広島・長崎の原爆被爆者に対する調査があります（図３）。被曝しなかった人に比べて、被曝線量によってどれくらいがん死が増えているかを調べたものです。図を見ればおわかりのように、「被曝ゼロ」を起点にして、直線的にがん死が増えています。ある一定の線量以下であれば、リスクがゼロになる、そういう境界の線量は見つからない。この論文にはっきり書いてあります。「しきい値を想定するとして最適なのはゼロ線量である」。

これが発表されたのは、二〇一二年の二月です。「低線量被ばくのリスク管理に関するワーキンググループ報告書」よりも後のことですね。専門家というのは、新しい論文が出たら飛びつくものなんです。しかし、どういうわけか、放射線の専門家は顔を背

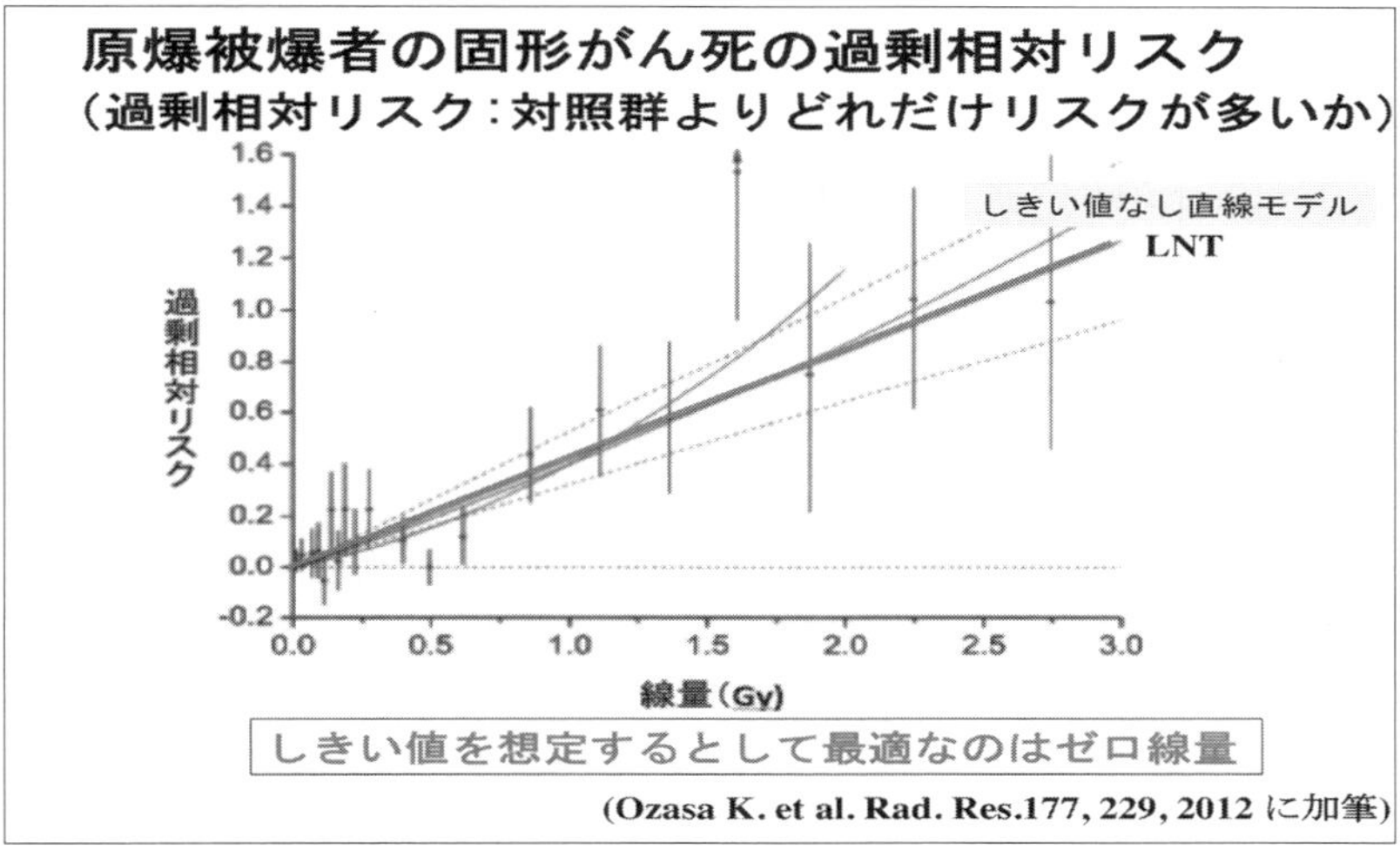

図３　原爆被爆者の固形がん死の過剰相対リスク

けている。これ以後にも、様々な研究発表が出ています。一番大きな調査集団を持っているのは、スイスの疫学調査です。自然放射線と小児がんの関係について調べたものです（図4）。この調査では、「一・七五ミリシーベルト／年」と「二・一九ミリシーベルト／年」の間では、全がん、白血病、中枢神経系腫瘍が有意に増加しており、増加の仕方は〇・八七ミリシーベルト／年から直線的に増加しています。しきい値は見つからず、一ミリシーベルト増加するごとに、白血病、中枢神経系腫瘍は四パーセント増加するし、全がんは三パーセント増加しています。

小児期の低線量外部被曝による甲状腺がんへの影響を調べた研究があります（図5）。甲状腺がんは、内部被曝ではなく、医療被曝、外部被曝が原因となる場合もあります。この調査結果を見ても、やはりしきい値は見つからず、がんは直線的に増加しています。五〇ミリシーベルトの被曝で一・五五倍増加し、一〇〇ミリシーベルトで二・一倍、二〇〇ミリシーベルトだと三・二倍と、直線的に増加していく。

福島県による甲状腺検査について、県民健康調査

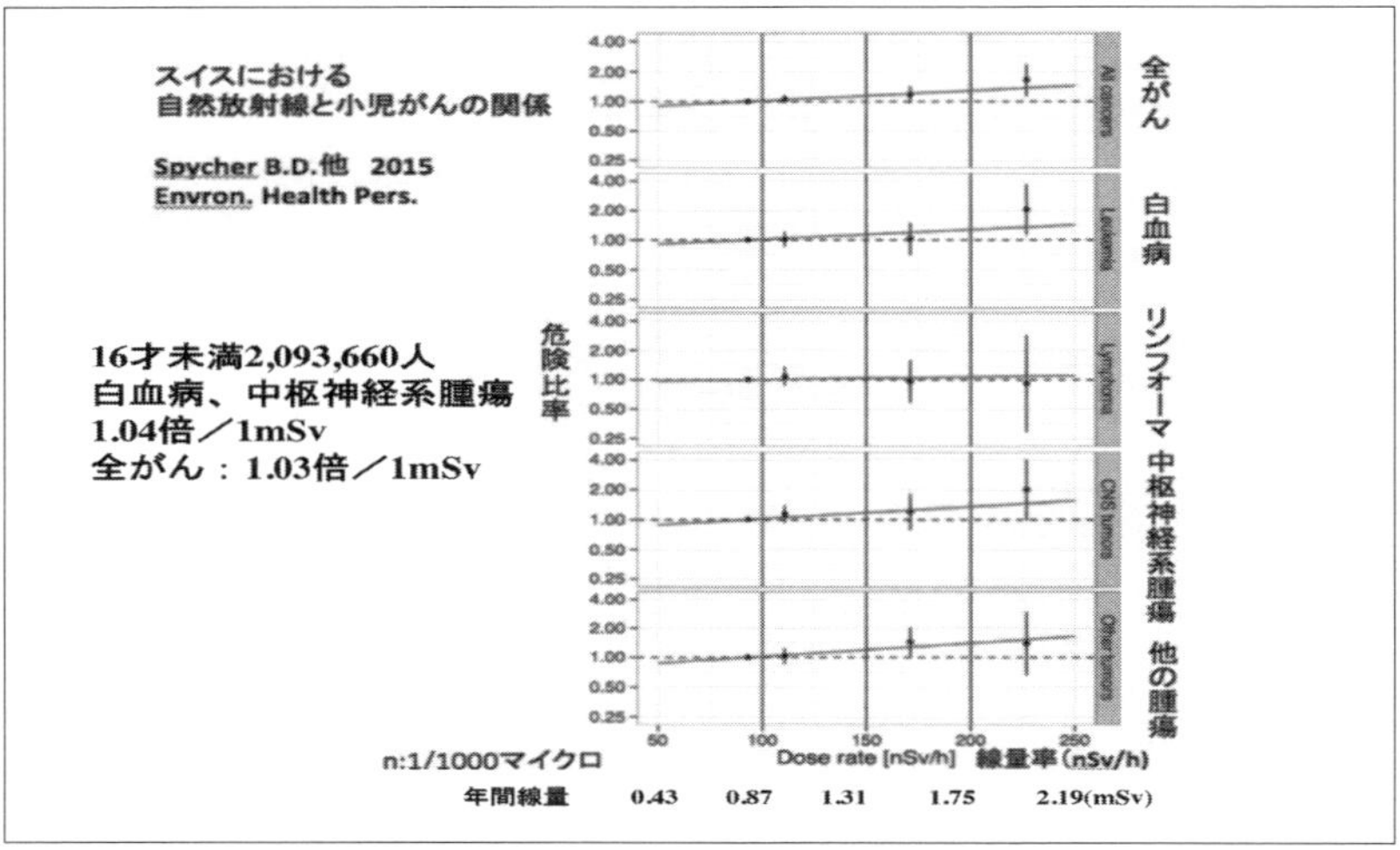

図４　スイスにおける自然放射線と小児がんの関係

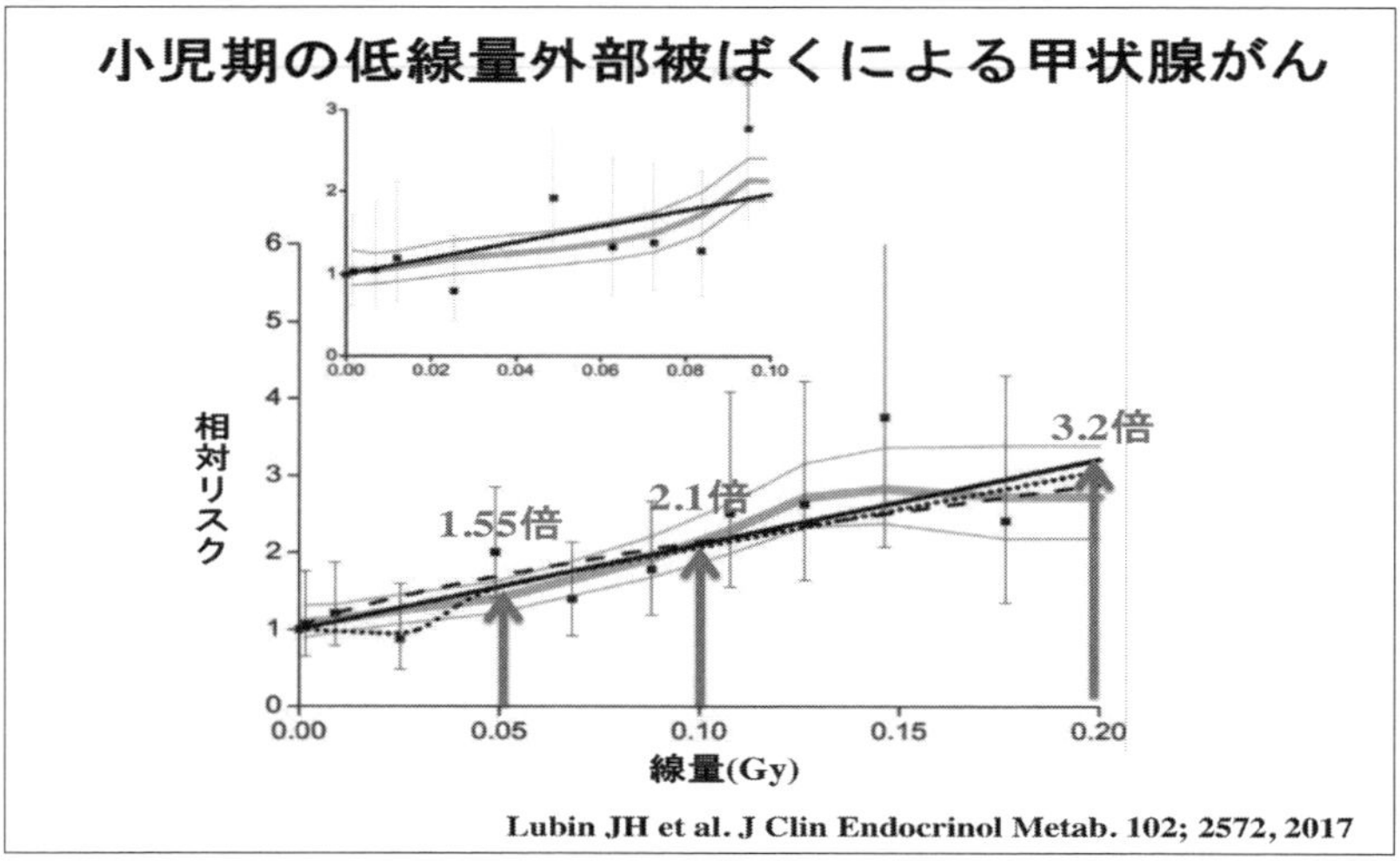

図５　小児期の低線量外部被ばくによる甲状腺がん

検討委員会があり、その下部組織に評価部会がありますその座長の鈴木元氏が、こんなことをおっしゃっていました。「一〇〇ミリシーベルトというのは、マジックナンバーでもなんでもない。一〇〇ミリシーベルト以下でも、がんは出る」。また、今ご紹介した疫学調査が発表される以前から、国際放射線防護委員会（ICRP）は、しきい値なし直線（LNT）モデルを採用しています。なぜ採用しているのか。私が京都地裁に証人として出廷したとき、国側の弁護士さんも、次のように私に訊ねてきました。「ICRPというのは電力会社寄りといわれますけれども、なぜLNTモデルを採用しているんでしょうか」。そんなこと聞くまでもない。当たり前のことです。「否定できないから採用しているんです」と私は答えました。

国会事故調査委員会の調査でわかったことですが、ICRPの委員は、外国の国際会議に出る際に、出張旅費を電事連（電力事業連合会）からもらっていたそうです。そういう電力寄りの組織であっても、LNTモデルを採用せざるを得ないわけです。真実なんだから仕方がないんです。

二〇一八年四月に出たアメリカの放射線防護審議会の「NCRPコメンタリー27」という報告書があります（表3）。ここでは、二九の論文を取り上げて、線量測定、疫学調査、統計のレベルを「1～4」までの段階に評価し、LNTモデルを支持する程度を判定しています。結果は、二九報中五報が「LNTを強く支持」です。「中等度に支持」が六報、「弱く～中等度に支持」が九報です。程度の差はあれ、二〇報がLNTモデルを支持している。「支持しない」は五報、「証拠不十分」が四報です。また支持しないのはなぜかというと、疫学調査や線量推定の質が悪いために、論文のスコアとして低いからです。きちんとコホートの大きさを取って、線量を推定すれば、どうしても強く支持するようにしか結果が出てこないのだと思います。このコメンタリーでは、次のように結論付けています。「放射線防護のためにはLNTモデル以上に実用的で賢明なモデルはないのでLNTモデルを引き続き採用すべきである」。

ここまで述べてきたことから、賠償裁判で損害を

LNT モデルに対する最近の疫学研究の意義と放射線防護

Implication of recent epidemiological studies for the LNT model and radiation protection （米国放射線防護審議会：NCRP Commentary 27, Apr. 2018）

29の論文を取り上げ 線量測定、疫学調査、統計のレベルを1から4までの段階に評価し、LNTモデルを支持する程度を判定

	スコア	論文数
• LNTモデルを強く支持	4	5 報
• LNTモデルを中等度に支持	2.5 ～ 3	6 報
• LNTモデルを弱く～中等度に支持	2～2.5	9 報
• LNTモデルを支持しない	1	5 報
• 証拠不十分	1	4 報

結論

放射線防護のためにはLNTモデル以上に実用的で賢明なモデルはないのでLNTモデルを引き続き採用すべき

表３　LNT モデルに対する最近の疫学研究の意義と放射線防護

正当に認めさせるためにはどうすればいいか。繰り返しになりますが、ＬＮＴモデルを社会通念にしていくことが非常に重要だと思います。今日話してきたように、理論的にも裏付けがありますし、疫学調査でもそれは証明されています。疫学調査も、質が高ければ高いほど、ＬＮＴモデルを支持する度合いが強くなる。そういう結論になっている。是非ＬＮＴモデルを、ベクレルやシーベルトと同じように、社会通念にしていきたい。放射線被曝には安全量がないということを社会通念にしてしまえば、裁判で損害を正当に評価されるようになると思います。

◆福島県における小児甲状腺がんの多発

甲状腺がんの原因になる放射性ヨウ素は東北関東甲信越を広く汚染しましたが、環境省は甲状腺検査を福島だけに限って実施することとしました。一九八六年四月に起きたチェルノブイリ原発事故で小児甲状腺がんが増加したことが国際的に認められていますので、対象は事故当時一八歳以下の子ども

としました。超音波による甲状腺検査は二〇歳になるまでは二年毎に、その後は五年毎に行います。実質的な検査業務は福島県が福島県立医大（医大）に全面委託し、甲状腺の検査結果は県に設置された県民健康調査検討委員会（検討委員会）に報告され、これがメディアに広報されます。検討委員会は原則三～四ヶ月毎に開催されます。検査から検討委員会への報告の流れを示し（図６）、今年四月の検討委員会に発表された結果までを表にまとめました（表４）。

小児甲状腺がんは非常に希な疾患で、通常は年間一〇〇万人に一～二人位しか見つかりません。しかし福島では、一巡目の受診者約三〇万人中に悪性ないしその疑いが一一六人も見つかり、手術を受けた一〇二人の内一人が良性で、一〇一人はがんと確定診断されました。二巡目では、約二七万人の受診者中七一人が悪性ないしその疑いと診断され、その中の三三人は二年前にはＡ１判定でしたので、甲状腺がんは二年間で少なくとも五・一ミリは増大したことになります。更に三巡目の検査は受診率が低下し、

福島県民健康調査甲状腺検査結果

第34回（2019年4月8日）検討委員会発表まで

	一巡目検査（2011～2014年4月）	二巡目検査（2014～2017年6月）	三巡目検査（2016～2017年6月）	四巡目検査（2018～2019年）	節目検査（201年～	計
悪性ないし悪性疑い	116	71 一巡目検査結果 A1:33、A2:32、B:5 一巡目検査未受診:1	21 二巡目検査結果 A1:4、A2:9、B:5 二巡目未受診:3	2人	2	212
男女比 事故時年令(平均)	39:77(1:2) 6才～18才 (14.9±2.6才)	32:39(1:1.22) 5才～18才 (12.6±3.2才)	8:13(1:1.63) 6才～16才 (10.3±2.8才)	1:1(1:1)		
手術結果	102 乳頭がん:100 低分化がん:1 良性結節:1	52 乳頭がん:51 その他の甲状腺がん:1	15 乳頭がん:15		0	169 がん確定数:168
受診者数	300,472 (81.7%)	270,540 (71.0%)	217,676 (64.7%)	76,979 (26.2%)	2,005 (8.9%)	

集計外の手術：12人（良性：1人、悪性：11人、乳頭がん、男女比：4：7、事故時年令：4～19才（平均：13.8±4才）

表４　福島県民健康調査甲状腺検査結果——第34回（2019年4月8日）検討委員会発表まで

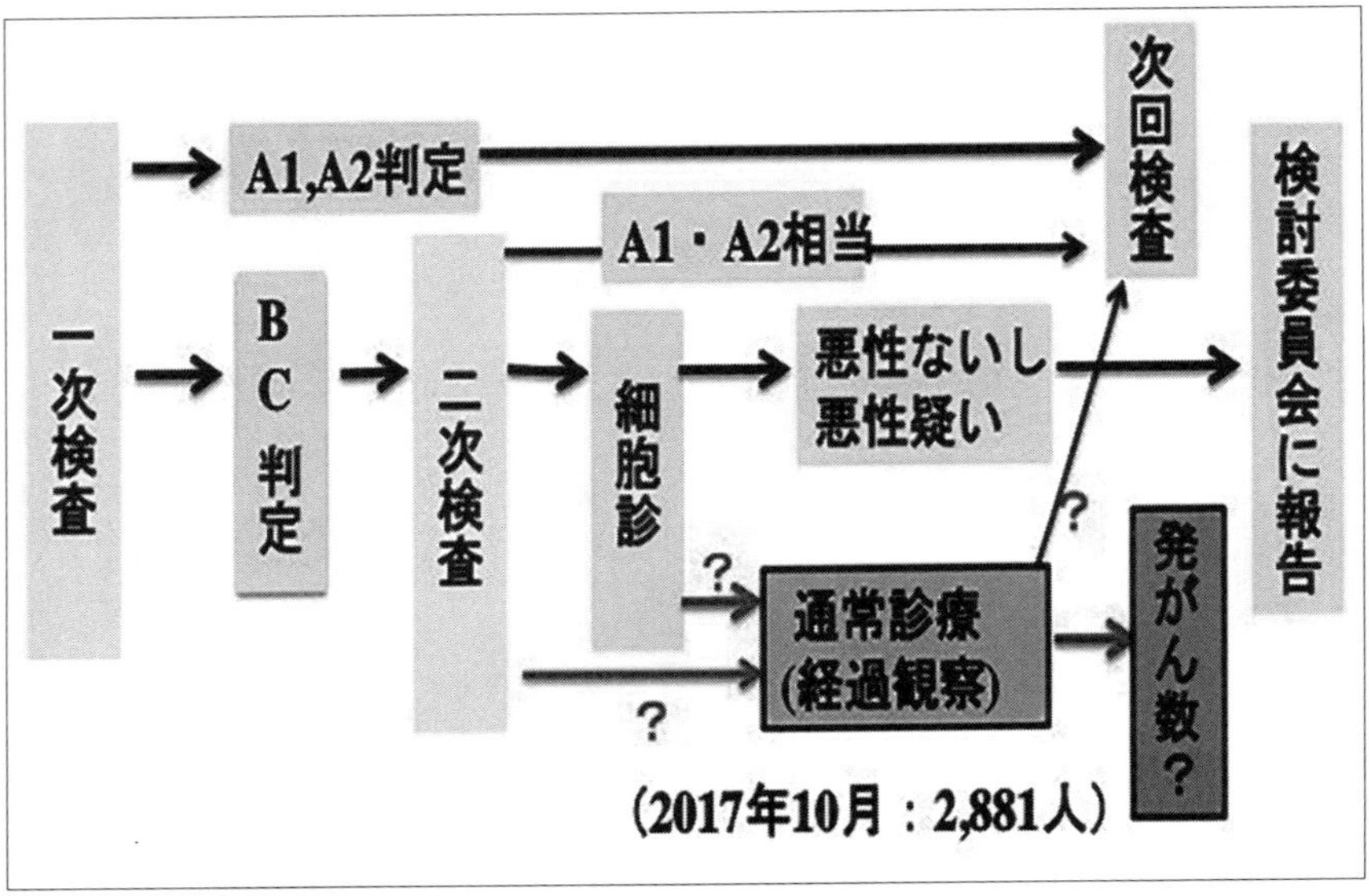

図６　県民健康調査による甲状腺検査の流れ

A1: 結節、嚢胞なし、A2:5mm 以下の結節又は 20mm 以下の嚢胞、B:5.1mm 以上の結節又は 20.1mm 以上の嚢胞、C：直ちに二次検査が必要。

？：経過観察に入る基準、数共に不明。

超音波による 1 次検査で B 或いは C 判定を受けた人は、さらに精密な超音波検査と血液検査などを含む 2 次検査に進む。ここで細胞診が必要と判断され、検査の結果、悪性ないしその疑いと診断された場合には、検討委員会に報告される。検討委員会はその結果を基に、放射線の影響か否かなどを議論。経過観察のコースが存在することが明らかになったのは 2017 年 3 月。これに入れられた患者は 2017 年 10 月で 2,881 人、この中からがんになってもその人数は検討委員会には報告されない。

二一万七六七六人の受診者中二一人、四巡目はまだ途中で、七万六九七九人の受診者中二人が悪性ないしその疑いとされ、二五歳の節目検診でも二人の悪性疑いが見つかり、その合計は二二二人（うち一人良性）となっています。しかし、これは後述するように実際の数を反映していません。

検討委員会は二〇一六年三月に、一巡目の結果を元に「中間取りまとめ」を発表し、多発自体は認めましたが、その原因は放射線の影響とは考えにくく、将来的に臨床診断されたり、死に結びついたりすることがないがんを多数診断している過剰診断の可能性がある、としています。

放射線の影響とは考えにくい根拠としては、①チェルノブイリに比較して被ばく線量が低い、②事故当時五歳以下からの発見はない、③発症が四年以下と早すぎる、④地域差がない、などを挙げています。しかし、①については、一〇八〇人しか被ばく線量が測定されていませんし、測定した場所の線量が高く、環境省に設置された専門家会議の委員も、その信頼性は薄弱だと述べています。最近、毎日新聞で事故当時一一歳の少女が双葉町で約一〇〇ミリシーベルト被曝していた可能性を放医研（放射線医学総合研究所）が報告していなかった事実が報道されました。②については、事故時五歳の子どもの発症は既に知られていたうえ、後述するように事故時四歳児も医大で手術を受けており、医大が隠蔽していた事実が明らかになりました。③については、上に述べたように二年間で三三人は少なくとも五・一ミリ増大していましたので、小児甲状腺がんは考えられていたよりも早く増殖することがわかりました。④については、疫学の専門家である津田敏秀氏（岡山大学）らは明らかな地域差を指摘していましたし、二巡目の検査では検討委員会に発表されたデータ（表5）でも明らかな地域差があります。

過剰診断については、医大での手術の大部分を執刀している鈴木眞一氏が、一四五例の手術例を基にリンパ節転移が七八％以上、甲状腺外に浸潤が見られる症例が約四五％になることを根拠に否定しています。このように、放射線の影響を考えにくいとする根拠は崩壊しているのですが、検討委員会の一部

悪性ないしその疑い	避難区域等13市町村	中通り	浜通り	会津地方	計
1巡目（数／10万人）	33.5	38.4	43.0	35.6	38.3
2巡目（数／10万人）	49.2	25.5	19.6	15.5	26.2
2巡目受診者調整後（数／10万人）	53.1	27.7	21.5	14.4	28.4
2巡目（検査間隔による調整後、数／10万人）	21.4	13.4	9.9	7.7	13.4

2018年9月8日第10回甲状腺評価部会発表の集計外手術数12例（良性1例）

集計外	4	4	3	0	11

表５　１巡目、２巡目の甲状腺検査における地域別悪性ないしその疑いの有病割合と集計外患者数

の委員等は過剰診断であるとの声を大きくし、甲状腺検査の縮小を図っています。

◆三・一一甲状腺がん子ども基金の設立と手のひらサポート事業

政府は、福島県外で放射性ヨウ素に汚染された地域で発症した小児甲状腺がんに対しては、何の補償もしていません。また、福島県内でも、患者とその家族は経済的、社会的な困難を抱えています。三・一一甲状腺がん子ども基金（以下、基金）は、この状況を改善するよう政府に働きかけながら、その間、民間で資金を集め、甲状腺がんと診断された方々を支援しようと二〇一六年七月に設立され、療養費の支援を行う手のひらサポート事業を開始しました。給付対象者は事故当時一八歳以下で、放射性ヨウ素に汚染された地域に居住しており、甲状腺がんに罹患した患者に一律一〇万円を、再発手術、アイソトープ治療をした方にそれぞれ一〇万円を追加給付しています。二〇一九年三月までの県別支給者数は表6

県名	福島	岩手	宮城	秋田	山形	茨城	栃木	群馬	埼玉	千葉	東京	神奈川	新潟	山梨	長野	静岡	計
人数	97	2	6	1	0	5	0	1	7	5	9	7	1	2	4	2	149

この他に特例として5人（福島2人、県外3人）

アイソトープ治療者：合計24例
福島県内：5/97例（5%）
福島県外：19/52例（37%）
（申請ベースで言えることは福島県外では自覚症状があって受診するために進行例が多い。）

表６　3/11甲状腺がん子ども基金による県別療養費支援者数

に示しました。福島県には二百人以上の申請該当者がいますが、残念ながら申請された方は半分にも達していません。福島県以外からの申請者は自覚症状などで医療機関を訪れるためか、アイソトープ治療を必要とする進行例の割合が福島県に比べて高いことが目立ちます。これは、福島県で行われている検査の早期発見、早期治療の効果の現れであることを示唆しています。

◆基金の活動から見えた発表されないがん症例

基金に二〇一七年三月、検討委員会で発表されていなかった事故当時四歳児の家族から申請があったことが契機になって、図６（52頁）の「通常診療」というルートが存在し、このルートに入るとがんを罹患しても検討委員会に報告されない、ということがわかりました。子どもは医大で手術を受けていましたが、通常診療にされていたため報告されなかったのです。山下俊一氏をはじめ医大の関係者は、この例を知っていながら、四歳以下の発症はないと発表していました。二〇一七年三月の時点で、このルートに入れられた患者数は二八一人と発表されました。この不透明さに対して検討委員会の委員からも批判が出たため、医大は、医大で手術を受けた患者のみ調査し、集計外の悪性ないしその疑いで手術をした患者が一二人いること、その内一人は良性であったことを発表しました。その地域分布は表6に示しました。これを加えると、悪性ないしその疑いは二二四人となり、手術によりがんと確定した数は一七五人、良性二人となります。医大で手術を受けなかったがん患者数はつかめていませんので、福島県における真の甲状腺がん罹患率は依然として不明のままということになります。

◆過剰診断論と甲状腺検査縮小に対する患者、家族の声

甲状腺がんの罹患数の把握を更に難しくするのが、過剰診断論を根拠にした検査の縮小です。先にも述べましたように、鈴木眞一氏は過剰診断を否定していますが、過剰診断、検査縮小を主張する検討委員会の委員は、予後の良いがんを早期に発見、手術することは患者の人権を侵害すると主張しています。基金では、手術を受けた患者やその家族の要望を伺うためにアンケート調査を行いました。その中で、過剰診断、検査縮小をどう考えるかとの質問に対し、当事者からは過剰診断論に対する怒りの声も聞かれ、検診を縮小するという方針に対しても賛成する人はいないばかりか、むしろ検査のさらなる拡充を求める声と現状維持を合わせると九〇％近くになりました。

チェルノブイリ事故後三三年になりますが、いずれの当事国においても甲状腺検査は国の責任において続けられています。事故を起こした国の責任としても検診は継続し、放射線の影響があるのかないのか結論を出すよう努力すべきでだと考えます。

ありがとうございました。

前田　崎山さん、ありがとうございました。低線量被曝の問題は、私たち素人は繰り返し学習しない

と、原子力マフィアと御用学者に騙されてばかりです。最新の研究成果を踏まえつつ、ＬＮＴモデルを社会常識にしていく必要があることがよくわかりました。

4　原発訴訟をめぐって——民衆法廷を

村田弘

前田　続いて村田弘さんから発言いただきます。村田さんは現在、原告団長として命と暮らしを守る闘いの最前線に立っています。横浜地裁に提訴する前には、原発民衆法廷というプロジェクトでも事務局を担ったお一人です。

原発民衆法廷をご存じない方も多いと思いますので、若干、紹介しておきます。

原発民衆法廷は三・一一福島原発事故を受けて開催されました。

日本政府と東京電力は事故の影響をできるだけ小さなものにしようとし、情報公開を拒否し、責任逃れに終始しました。事故の責任をあいまいにし、資料を隠蔽し、被災者の苦境に乗じて最低限の補償でごまかし、自主避難者を切り捨てる棄民政策をとりました。事故原因の解明も再発防止措置もないまま、各地で原発再稼働を強行しました。想像を絶する膨大な被害結果を生じたにもかかわらず、原発事故の法的責任の解明は遅々として進みません。刑事責任を問うことは望めない状況でした。こうした状況に危機感を持った市民の活動の一つとして原発民衆法廷が実施されました。

もともと民衆法廷とは、国家の権力法廷が機能しない場合に動き始めます。権力犯罪を権力自ら裁くことを期待できないからです。

最初の、そして最も有名な民衆法廷は、ベトナムにおけるアメリカの戦争犯罪を裁いたラッセル法廷（一九六六—六八年）です。哲学者バートランド・ラッセルが提唱し、ジャン=ポール・サルトルが裁判長を務めました。以後、内外で数多くの民衆法廷が開かれました。

一九九一年に始まったアメリカのイラク戦争（湾岸戦争）に際して元司法長官ラムゼー・クラークが呼びかけて実施したクラーク法廷（一九九二年）が開催されました。

二〇〇〇―〇一年、日本軍性奴隷制度についてジャーナリストの松井やよりが呼びかけて、日本とアジアの女性たちを中心に女性国際戦犯法廷が開かれました。

二一世紀にはいると、九・一一の後に行われたアフガニスタン戦争・イラク戦争について、日本を中心にアフガニスタン国際戦犯民衆法廷（二〇〇二―〇四年）、イラク国際戦犯民衆法廷（二〇〇四―〇五年）が開かれました。

いずれもアメリカの戦争犯罪が主題でありアメリカの裁判所では裁けないことが明白でした。だからこそ民衆法廷が必要とされたのです（以下を参照。前田朗『民衆法廷入門――平和を求める民衆の法創造』、耕文社、二〇〇七年）。

東京地検や福島地検が適切に判断して、責任者を訴追することは期待できませんでした。東京地裁や横浜地裁のような「権力法廷」がまともな判断を打ち出してくれるのであれば、民衆法廷は必要ありません。しかし、その期待はあまりできませんでした。

そこで、権力なき民衆法廷を開催することにし、法廷規程を作って、それに従って開廷しました。二〇一二年二月の東京公判に始まり、郡山、大阪、四日市、熊本、広島、札幌、福島など各地で公判を続け（写真1、2、3）、二〇一三年七月、東京で最終公判を開きました。

検事団長は河合弘之（弁護士）、検事団事務局長は田部知江子（弁護士）が務めました。各地の公判ごとに検事団を編成し、他にも多数の弁護士及び市民が検事を務めました。

原発民衆法廷には被告（民事）・被告人（刑事）は出廷しません。被告・被告人側の主張を法廷に反映させるために、アミカス・キュリエ（法廷の友）を採用しました。アミカス・キュリエとはローマ法以来の伝統で、特に英米法において活用されてきた専門家です。重大な法律上の争点について裁判所に助言をする役割を果たします。民衆法廷では被告・被

写真１　原発民衆法廷大阪公判の様子

告人側の主張を整理、展開しました。

判事団は鵜飼哲（一橋大学教授）、岡野八代（同志社大学教授）、田中利幸（広島市立大学広島平和研究所教授・当時）、前田朗（東京造形大学教授）の四人です（写真2、3）。日本の原発政策を問い、福島原発事故の責任を追及するという主要な目的のため、国際法廷ではなく、判事団は国内で編成されました。

原発民衆法廷運動の関係者も、原子力による電気エネルギーを享受してきた市民の一員です。第一回公判において第一号決定を出しましたが、その最終段落で次のように宣言しました。

> **民衆法廷において「裁く」とは、問題の真の所在を明らかにすることであり、当事者・関係者と徹底した対話を試みることである。ひいては法廷そのものが民衆によって裁かれることでもある。本法廷の判事自身が原発による電力を享受し、受益してきた市民である。それゆえ、原発を根底的に問い直すという場合、単に日本政府や東京電力の作為・不作為を問うだけではなく、長期にわた**

写真２　福島法廷の様子（左から、前田朗、鵜飼哲、岡野八代）

写真３　熊本法廷の様子（左から、岡野八代、前田朗、田中利幸）

る原発政策にもかかわらず、これに異議申し立てを十分に行ってこなかった市民自身が自らを問うことも必須の課題となる。民衆法廷において、裁くとは裁かれることである。

こうした民衆法廷に関与しつつ、村田さんは避難者訴訟を横浜地裁に提訴し、国と東電の責任追及を続けてきました。それでは村田さん、お願いします。

◆裁判を通して被害者が　本当に救済されることはあり得ない

村田　三人の先生方が、本当に専門的な、迫力のある話をされて、私はどんなことを話したらいいのか迷っています。私は福島原発かながわ訴訟の原告団長として、黒澤先生たちと一緒にずっとやってきました。今日この場で話させていただくのは、ちょっと申し訳ないようなことになりそうですが、一人の被害者として、この裁判を通してどんな感じを受けているかを、率直に話させていただきたいと思います。

集団訴訟だけではなく、たくさんの原発差し止め訴訟をはじめ、刑事訴訟その他の裁判が、この五年の間続いています。私たちも三一ぐらいの集団訴訟の一員として五年余りやってまいりました。実はあまり注目されていませんが、先月の二七日に飯舘村の方たちの集団訴訟の判決が出ました。今の段階で、集団訴訟に限って言いますと、十一個の判決が出揃いました。私も千葉や前橋であったり、主だった訴訟には、できるだけ傍聴参加して聞いてきたつもりです。かながわ訴訟では、自分も何度か法廷に立って、様々話してきました。そういう経験をしてくる中で、十一の集団訴訟の判決が出たわけです。それらを受けとめて、どんなふうに感じているのかを中心に話させていただきます。

結論から言いますと、大変辛い言い方になりますが、この裁判を通して被害者が本当に救済されることはあり得ないんじゃないか、と非常に悲観的な感じに落ち込もうとしています。それを何とかして押しとどめないといけないと思っています。しっかりと前向いて進んでいかなきゃいけない、そう思わなくちゃいけないと考えながら、むしろ違和感と危機感の方が強い、というのが正直なところです。

◆なぜ裁判に参加したか

私は事故当時、原発から一六キロぐらい離れた南相馬の小高地区で、かみさんとふたりで、百姓の真似ごとをしながら、穏やかに暮らしていました。ある日突然、原発事故が起こり、追い立てられるようにして、ふるさとから逃げ出すことになりました。家には「ロック」という子猫がいました。そいつを連れて、一緒に横浜に避難してきたわけです。今は畑仕事もできずにいます。あの当時、上半身は筋肉がモリモリとしていたんですが、今は骨が触れるぐらいです。この八年間で、そんな経験をしてきました。

私が、なぜ今の裁判に加わったのかについてお話しします。至極単純なことです。裁判が始まったのが二〇一三年の一一月でした。その前に一年半ぐらい、「原発民衆法廷」の事務局に入り、全国十か所ぐらいで法廷を開くお手伝いをしながら、皆さんとお付き合いさせていただきました。そういう経験をする中で、何とか将来について考えていかなきゃいけないという気持ちになっていました。その段階で、今弁護団に加わっている方々から、集団訴訟をしませんかという話がありました。あの時どんなことを感じていたのか。このまま黙っていたら必ず棄民される、ということでした。棄民されないためには、できることをやらないといけない。そのためには、民衆法廷とは違うけれども、限られた権力機構の中の裁判であっても、そこに出て闘わない限りは棄民されてしまうだろう。これだけの被害があり、自分も含めて、生きることの基本が否定された。このままでは、被害が闇に葬られてしまう、結果として同じことがまた繰り返されるだろう、そう思いました。だから、この裁判に参加したんですね。

五年ちょっとの間のかながわ訴訟で、弁護団の方々の本当に素晴らしい立証が重ねられて、私たち被害者も、延べで言うと、四十数人が法廷に立ちました。自分たちがどんな被害を受けたか、言葉を尽くして立証してきたつもりです。それに対する一つの回答が、先日の判決だったと思います。

◆判決をどう評価するか

判決が出たとき、公式の旗出しとは別に、支援者の方たちが「民衆の旗出しをしようじゃないか」と勧めてくれました。二月でしたので、桜ではなく梅にして、法廷に何分の梅が咲いたかで表わそうと、いくつか用意しました。「三分咲き」、「五分咲き」、「八分咲き」と、数字だけ張り替えればいいように準備してくれました。判決後、私が法廷から出てきたら数字をサインすることになっていました。それを合図に、張り替えるという手はずにしていました。判決主文で、国の責任は認める、賠償についても四億円ぐらいの賠償を認めるとありました。法廷では、二つのことしかわかりませんでしたので、外に出て、思わず左の手のひらに右手の三本指を当てて「八」と合図を送ってしまったんです。民衆の旗が「八分咲き」と揚がり、表向きには「八割方勝訴」という形になりました。

その後、弁護士さんの分析会議があり、私も判決文を読みました。そうすると、どんどん落ち込んでいきました。しまった、あれは「五」、実を言うと「三」だったかなみたいな、そんな気分になってしまったんですね。なぜか。一つは、今の裁判制度の中で、この原発被害について救済を求めるのはそもそも限界があるんじゃないか、ということを思い切り感じたということです。判決の内容自体からも、そう感じましたし、もう一つは、集団訴訟の持っている仕組みからそう感じています。ここは、本当に皆さんにわかっていただきたいことです。裁判は、私たちがあの時に受けた被害に対してだけ争われています。原因がどこにあり、どれだけ賠償しろということを求めて闘っているわけです。

しかし原発事故は、あの時だけに限ったことではない。その後の展開が今でもずっと続いているんですね。被害が終わることはありません。しかも、小出先生が言われたように、原発事故以前に、そもそもわかっていたことを隠し、それによって事故が起きた。結果、これだけの被害が起きた。そのことをきっちり立ち止まって考えるどころか、事故が起きた後、さらに事故を見えないようにして隠して、次に進もうとした。そんな意志が背景に明確にあったということです。

　ここまでの流れを見ていただければわかりますが、一番大きな問題としては、放射線の健康リスクですね。崎山先生がおっしゃって下さいました。物差しを勝手にいじる。そもそも、一ミリシーベルトが通常人の被曝の限界だった。それが常識だったのにもかかわらず、事故後に二〇ミリシーベルトが、五〇ミリシーベルト、一〇〇ミリシーベルトまで勝手に数字を操作し始めた。それを物差しにして、次々と避難指示を、時差を置いて解除している。さらに問題なのは、避難指示が出ていないところの避難者を真っ先に切り捨てていく。切り捨ての順番がもう決まっているんですよ。最終目標は既に決まっています。来年です。安倍晋三首相がオリンピックを誘致したときに立てた目標であり、その後の事故処理の前提になっているわけです。それに従ってどんどん物事が進んでいる。

村田　弘氏

◆帰還政策に伴う賠償と住宅提供の打ち切り

　今私が一番しんどいと思っているのは、先月（二〇一九年三月）三一日限りで、避難指示がなかった地域の人たち、さらに避難指示が解除になった地域の人たちに対して、最低限の住宅保証、住宅提供すら打ち切りにされたことです。もちろん賠償も打ち切りです。ともかく原発事故被害の後処理は基本的に終わったということを前提として、そういう非人道的なことがまかり通っている。

あの事故によって、家族もばらばらになり、ふるさとの人たちもばらばらになり、そして将来の見込みも立たない。いつになっても亡くなる人が絶えない。災害関連死と言われている人が、福島県で二二〇〇人を越えている。自殺者にしても、因果関係がはっきりした人たちだけで、これまでに一〇〇人を超えている。被害者がそこまで追い込まれている現実があるんですよ。その中で今、最後の拠りどころの住宅提供すら打ち切る。それがわかりやすい形で表れています。民間賃貸住宅を借り上げたりして、被害者が住宅に入ったわけです。国が災害救助法を適用して、最低限住宅の提供だけはちゃんとやりましょうということで、行われたことです。それに対して、まず避難指示がなかった人たちに対して、もう帰れるようになったんだからと、二年前に住宅提供を打ち切った。その人たちに対して、例えば最低限の家賃補助として月三万円とか二万円の補助を二年間は続けるということだったけれども、それも今年（二〇一九年）の三月末でおしまいです。

民間住宅だけではなく、空いている国家公務員住宅に入った人たちもいます。一三〇世帯ぐらいあった。一番多いのは、東京・東雲の公務員住宅に入った人たちです。これも今年の三月末で追い出しです。そもそも出られる人は出ているんですよ。どうしても出られない人が残っている。体を壊した人、障がい者を家族に持つ人、パートで収入の限度があって出られない人、そして公営住宅に移ろうとしても抽選になかなか当たらない人たち。本当にぎりぎりの生活を強いられていて、出られない人たちが、東雲住宅の場合、七〇世帯ぐらい残っているんです。それに対して、退去勧告する。なおかつ災害救助法ですから、正面に立つのは福島県知事です。知事が「出なさい」という通告を、三月二八日付でみんなに送りつけた。もし出ないならば、四月以降については、懲罰的家賃、罰則として二倍の家賃を支払わなければならないという通告を送った。そうやって追い出しの最終の仕上げをしようとしているんです。

こんな非人道的で、わかりやすい仕打ちがありますか。この人たちは、何の罪があって避難し、あそこに住んでいるんですか。出られるものなら出ます。帰れるものならば帰ります。できる人たちは、既にそうしている。それができない人たちに対してすら、何の恥じらいもなく、追い出しをかけているのが、今の国と福島県なんですね。

こういう現状を見ていると、やりきれません。今まで自分たちが闘ってきた裁判では、事故に対する国の責任が一番大きな争点になってきました。六つの判決で、国の責任が認められました。しかし、国は自らの責任を本当に受け止めているのか。まったく受け止めていない。裁判の場合でも、控訴して高裁でひっくり返すとまで言っている。判決なんて片側に置いておいて、一方的に自分たちの政策的目標に向かって、被害者を虐め尽くしているのが現状です。

◆賠償額は侵された権利に見合う額なのか

そんなことを考えていくと、裁判で国の責任を勝ち取ったといっても、どれだけ実質的な効果があるのか。現実的な効果としては、賠償命令が出ます。ただ、あの程度の金額を払うというのが国の責任なんですか。裁判で闘っている人たちが、全力を振り絞って立証し、あちら側の立証を受けとめ、反論する。裁判では細かいことが延々と争われるわけです。それが今後もずっと続いていく。そこにどれだけの意味があるのか。これが今、私が感じているポイントの一つです。

もう一つは、先程から話し合っているように、原発事故の基本的な問題というのは何かということです。小出先生がおっしゃったように、広島の原爆で放出された二百倍、三百倍もの放射性物質が降り注いで、それが沈着している現実がある。それを、どうしても正面から認めようとしない、認められない。それが裁判の限界ですね。この壁を突破できない限りは、本当の意味での救済はあり得ません。賠償額の問題、避難指示の線引きの問題にも、このことはすべて関わってきているわけです。そういう意味で言うと、今度のかながわの判決は、ある意味では非常に罪作りな判決だと思っています。

先程も崎山先生のご紹介にもあったように、判決が最終的に被曝リスクについて判断したのは、科学的なデータではなく、「社会通念」によってです。それって一体何なんですか。裁判官のまったく独自の感覚でいくらでも左右できる、という話です。水戸黄門の印籠とか、遠山の金さんの桜吹雪と同じで、「これが見えないか」というのと、どこが違うのか。それこそ最低限の科学的な知見があるのだから、その縛りの中で考えるのが、裁判の役割だと思います。ところが、そういうことを平気の平左で取っ払ってしまう。そして、自ら決めた範囲内で賠償額を決めていく。しかも前提として、国が決めた避難指示とか、線引きを容認してしまう。容認するために、社会通念、自由裁量を使う。これは、大変しんどい話だと思います。

そういうことを前提にして、今回出てきた具体的な賠償額を、資料の中にわかりやすく示してあります（表1）。国が示した原子力損害賠償紛争審査会の指針に、プラスどれだけあったかを一覧にしました。かながわ訴訟の裁判官は、確かにすべての区域について、上積みはしています。ご覧のように、一番少ない一二万円から、最も多い四五〇万円まで、上積みされている。しかし上積みした額は、裁判官が前提として考えている、侵された権利に対する対価として、本当に見合う額なのだろうか。

日本の人権に対する「値段」というのは、判決の一覧を見ていると、これは何だと呆れるぐらいです。どうやってこの数字が出てくるのか、判決を読むと、結局は交通事故の損害賠償のモデルがベースになっている。例えば一家の柱が亡くなった場合は、一八〇〇万円という尺度がある。そこからはじき出して、帰還困難区域は一五〇〇万円でどうだ、あるいは居住制限区域は一三〇〇万円でどうだと、まるで叩き売りみたいな物差しで、こういう数字を出してくる。こんなことが、実際にまかり通っている。少なくとも、これまで出た十一の裁判の内容を考え

		原賠審指針 （避難慰謝料）	横浜地裁判決 （ふるさと喪失慰謝料）	
	帰還困難区域	1450（うち帰還困難慰謝料 700）	1500	＜＋ 50 ＞
	居住制限区域	850	1300 ～ 1000	＜＋ 450 ～ 150 ＞
	避難指示解除準備区	850	1200 ～ 900	＜＋ 350 ～ 50 ＞
注 1）	特定避難勧奨地点	490	600	＜＋ 110 ＞
	南相馬避難要請地点	70	150	＜＋ 80 ＞
		（以下、自己決定権侵害慰謝料）		
	緊急時避難準備区域	180	250	＜＋ 70 ＞
	（高校生以下）	215	250	＜＋ 35 ＞
	屋内退避区域	70	150	＜＋ 80 ＞
	避難指示区域外	8	30	＜＋ 12 ＞
	（子ども・妊婦）	48 ＋ 8	100	＜＋ 54 ＞
注 2）	（子どもと共に避難した親）		60	

＊注 1）該当する原告はいない
＊注 2）新しい枠組みを設定
＊横浜地裁は「避難慰謝料」として別に日額 2000 円を認めている

表１　原陪審指針と横浜地裁判決の慰謝料
（単位は万円、表中＜ ＞は原陪審指針比）

ると、本当に絶望的な気持ちにもならざるを得ない。だけど、それでしゅんとしているわけにはいきません。非常に複雑な気持ちです。

たまたま今朝、私のふるさとの南相馬に今も住んでおられる、詩人の若松丈太郎先生から手紙が届いていました。一五日に書いた文章を、送って下さいました。私にはまったく同感することばかりなので、最後の箇所だけ読ませていただきます。「核災は収束していない」とあり、一番最後に、こう書いておられます。

［…］この国は、住民を捨てたのだ。

核爆弾と核発電とは同根である。平和利用という言葉に騙されてはならない。核エネルギーはヒトにとって禁断のエネルギーである。世界の趨勢は、福島核災を「他山の石」として、再生エネルギーへと転換している。

他方、安倍政権は、ヒトの英智に逆らって、核発電を基幹電源と位置づけて、再稼働を進め、核燃料サイクル政策も復活させるとしている。

三月五日、福島原発かながわ訴訟原告団は、二月二十日の横浜地裁判決を不服として、東京高裁に控訴した。

東電旧経営陣の元副社長武藤栄、同武黒一郎、元会長勝俣恒久を被告として業務上過失致死罪で強制起訴した「福島原発刑事訴訟」の、東京地裁公判は三月十二日に結審した。被告三人すべてが「自分には責任がない、無罪だ」と白を切っている。九月十九日に判決される。

一九五四年に原子力発電を国策にと提唱した、中曾根康弘も告訴したい。戦争犯罪人は厳しく罰せられなければならない。さもないと戦争犯罪は繰り返されつづける。

四月十五日、帰還困難区域の桜が満開である。

こう書かれた手紙を、今朝いただきました。本当に私も同感です。そういう意味で、民衆法廷を一緒に回らせていただいた頃のことを、今、改めて思い浮かべます。権力犯罪をきっちり裁けるのは何だろうか。民衆の立場、視点からの裁きを、もう一度考えなければならないんじゃないか。そうしたことを今、改めて考えているところです。

前田　村田さん、ありがとうございました。

今日のシンポジウムは民衆の視座から横浜地裁判決を問い直すことを主要課題にしています。同様に、原発民衆法廷の到達点を再審することも不可欠です。

というのも原発民衆法廷は二〇一二年二月から二〇一三年七月に十回ほどの公判を開いて、最終判決を出して閉幕しました。判決を出すところまでたどり着いたわけですが、実行委員会はそこで力尽きました。このため法廷の全記録を出版することができませんでした。記録は、ブックレットとして出版した、原発を問う民衆法廷実行委員会『原発民衆法廷①～④』(三一書房、二〇一二年)の四冊にとどまります。

また、判決を言い渡しましたが、そのフォローアップは予定していませんでした。判決は日本政府や東京電力だけでなく、国連など国際社会にも勧告をしていますし、脱原発運動の市民にもいくつもの勧告をしています。

そうであれば、判決の勧告をどのように実施していくかのモニターが必要ですが、実行委員会にはその余裕がありませんでした。

判決は三部構成でした。第一部は「法廷規程第一二条に基づいて当法廷がこれまでに言い渡した決定第一号から第一〇号まで」、第二部は「第一〇回公判における訴状の「請求の趣旨」に対する判断、及びこれに関連する勧告」、第三部は「各判事の個別意見」です。

第一部の「決定第一号から第一〇号まで」は、本日の配布資料の村田さんの論文に一覧が掲載されています(巻末資料1)。第一号では「裁くことは裁かれることである」という民衆法廷の基本姿勢を示しました。その後、大飯原発の再稼働禁止決定を出したり、東京電力幹部たちに対する有罪判決を言い渡したり、第五号決定では「原発は人道に対する罪である」というところまで踏み込みました。懐かしい思いで見ていたのですが、改めて見ると、避難者の権利に関する項目があまりありません。二〇一三年七月に閉幕したため、避難者の救済のための議論が不十分だったように思います。

第二部の「訴状の「請求の趣旨」に対する判断、及びこれに関連する勧告」では、二八項目の勧告を出しました(巻末資料2)。第一は、日本政府に対して原発「全面廃止に向けた政策を策定せよ」とし、第二は、原発廃炉のための政策とプロセスを確立することを求めています。第三及び第四は、日本政府に原発禁止条約の作成を命じ、第五及び第六では、国連人権理事会に「原子力発電所事故と人権に関する特別報告者」を設置することや、第七では、WHOのIAEAからの独立を求めています。

こうした勧告を多数出しましたので、冒頭にお話ししたように、私は国連人権理事会に参加して避難者の状況をアピールしてきました。インデペンデントWHOのヴィジル(要請行動)にも参加しました。勧告の中にはその後実現したものもあります。第二〇の国連「平和への権利宣言」は二〇一六年一二月に国連総会で採択されました。第二三の核兵器廃絶条約は二〇一七年七月に国連総会で採択されました。

しかし、多くの勧告をフォローアップすることはできませんでした。個人的、散発的な努力は続けましたが、取り組みを組織化することができませんでした。

その後の取り組みとしては、原発民衆法廷判事を務めた四人で、鵜飼哲・岡野八代・田中利幸・前田朗『思想の廃墟から——歴史への責任、権力への対峙のために』（彩流社、二〇一八年）という小さな本を作りました。また、高橋哲哉・前田朗『思想はいまなにを語るべきか——福島・沖縄・憲法』（三一書房、二〇一八年）を出版しました。高橋さんは第一回公判で「犠牲のシステム論」の証言をしてくれました。

人類は原発とともに生きることはできないという思想と理論を徹底的に練り上げて、これを大衆化し、組織化していくことがなければ、日本政府の原発推進政策を止めることができません。

さて、以上で四人のパネリストの発言を終了します。改めて、黒澤さん、小出さん、崎山さん、村田さん、ありがとうございました。

5　なぜ原発裁判で否認が続くのか

佐藤嘉幸

前田　続いて質疑応答の時間とします。

まず、ポスト原発の思想を鍛え上げてきた佐藤嘉幸さんからお願いします。

実は本日の集会を準備し始めた段階で、佐藤さんから当日参加できるというメールをいただきました。そこで最初に、コメントという形でお願いします。佐藤さんは田口卓臣さんとの共著で『脱原発の哲学』という著書を出されて、その後も原発関連訴訟を追いかけておられます。もう二年前になりますが、この会場で、『脱原発の哲学』（人文書院、二〇一六年）の二人の著者、佐藤さんと田口さんをお招きして、私がインタビューする三回の連続講座をやったことがあります。その記録は、佐藤嘉幸・田口卓臣・前田朗・村田弘『『脱原発の哲学』は語る』（読書人、二〇一八年）というタイトルで電子出版されています。それでは佐藤さん、よろしくおねがいします。

佐藤　私の専門は哲学ですので、その観点から見て今回のふくかな判決をどのように評価できるかを、パネリストの皆さんのご発表へのコメントとしてお話ししたいと思います。二〇世紀フランスの哲学者ルイ・アルチュセールの概念を用いれば、原発訴訟において司法とは「国家のイデオロギー装置」であり、国家の利益をイデオロギー的に擁護する役割を果たすものです。それに対して、民衆の視座に立ち得るのは原告とその代理人弁護士であり、福島第一原発事故のもたらした真の被害、真の影響を評価するためには、原告とその代理人弁護士の主張を考慮することが極めて重要になります。

原告側はふくかな訴訟を通じて、次の三点に傾注しました。第一に、福島原発事故に対する国の責任を明確にすること。第二に、避難者の元の住居周辺の土壌汚染値や空間線量が極めて高いという調査結果を通じて、低線量被曝の健康影響の問題を争点化すること。第三に、国の避難区域の線引きの不合理性を指摘して、異なった避難区域間の賠償格差、そして区域内避難者と区域外避難者との賠償格差をできるだけ軽減すること。それに対して、国、司法の主張に見られる一つの傾向を、小出裕章さんの表現を借りて、「原発安全神話（イデオロギー）から被曝安全神話（イデオロギー）への移行」と表現したいと思います。福島第一原発で過酷事故が実際に起こってしまった現在、起こった事故の責任を否認することはできませんが、その影響を否認することは可能であり、それこそが「原子力国家」（ロベルト・ユンク）の延命を可能にします。そして、こうした国=電力会社のイデオロギーを、今回のふくかな判決で、司法もおおむね追認的に主張しています（そこから、先ほど村田さんが述べられた、裁判を通して本当に被害者が救済されることはあり得ないのではないか、という危機感を共有したいと思います）。これらの論点をめぐって、私は以下の三点を指摘しておきたいと思います。

◆国の責任とその部分的否認

第一に、判決が、福島第一原発事故について国と東京電力の責任を明確に認めた点については、率直に評価できます（これを認めない、二〇一七年と二〇一九年の千葉地裁判決は、福島第一原発事故以後の判決とは到底思えず、論外と言えます）。ただ、ふくかな判決による国の責任の認定は、先ほど黒澤弁護士が指摘されたように、いささか保守的ではないでしょうか。判決は、国は二〇〇九年九月の段階で、東京電力から一〇メートル以上の津波の可能性を伝えられ、その可能性を認識していたのだから、その時点で規制権限を行使するべきであった、と述べています。

しかし、二〇〇二年のいわゆる「長期評価」（「三陸沖から房総沖にかけての地震活動の長期評価について」）は、三陸沖から房総沖の地域において、三〇年間に二〇％の確率で、津波マグニチュード八・二前後の地震津波が来ると予測するものでした。この時点で既に、福島第一原発沖に一〇メートルを超える巨大津波が押し寄せる危険は予測できたのであり、規制当局が東京電力に規制権限を行使しておくべきであった、というのが合理的な考え方ではないでしょうか。「長期評価」の内容は規制当局も知っていたわけであり、この時点で東京電力に津波予測を見直させるという規制権限を行使しなければ、事故を防止する規制当局の役割を果たしているとはとても言えないでしょう。判決はこの可能性を否認していますが、「長期評価」に沿って津波想定を見直すように迫る原子力保安院に対する東京電力の「四〇分間の抵抗」によって、津波想定が見直されなかった、という事実が判明しています。原告側の最終準備書面より引用します。

被告東電の担当者は、二〇〇二（平成一四）年八月五日ころ、保安院の原子力安全審査課の班長・川原修司氏以下四名と面談した。

この場では、「津波評価技術」と異なり、「長期評価」が福島・茨城沖海溝沿いの津波地震が起こり得るとしていることが問題となり、保安院から被告東電に対し、「福島〜茨城沖でも津波地震を計算するべき。本日、東北電力から説明を受けたが、女川（注：原発）の検討では、かなり南まで波源をずらして検討している。」との話があった。

このとき、被告東電は、谷岡・佐竹の論文を説明するなどして、四〇分間くらい抵抗した。その結果、地震本部の委員から、地震本部がなぜどこでも津波地震が起こると考えたのか、経緯を聴取することが被告東電の宿題となり、直ちに上記津波試算を行うこととはならなかった。

東京電力の「四〇分の抵抗」によって、規制当局は東京電力に津波試算を修正させることを放棄したわけであり、この時点での規制放棄行為に対する国の責任が厳しく問われるべきでしょう。しかし、判決はこの点をまったく問題視していません。これを、司法による国の責任の部分的否認と表現することができるでしょう。この点は、福島第一原発事故後に規制当局が果たすべき役割にも関わる重要な問題であり、原告側の主張を取り入れた判決が下されなかったことは極めて残念です。

ところで、事故の予見可能性についてさらに根本的に考えてみるなら、「そもそも、事故とは予見できないからこそ事故と呼ばれる。そもそも、予見できた危険を回避できないなら、原発の運転など認めてはいけない」という小出さんの指摘はまったく正当な指摘です。津波対策を行っても、原発の過酷事故はいずれ再び、まったく予見されていなかった原因で起きるでしょう。だからこそ国と電力会社は、一九七〇年代の伊方原発訴訟に際して、原発には炉心溶融（メルトダウン）のような過酷事故の可能性が常に存在するという事実を隠蔽し、否認するために、「想定不適当事故」なる不条理な概念を作り出したのです。それに対して、小出さんを含む、京都大学原子炉実験所の「熊取六人組」は当時から、「原発の過酷事故の影響の巨大さは破局的（カタストロフィック）であり、戦争にも等しい」と問題提起し続けてきました。こうした観点から、事故が起きれば広範囲の範囲が居住不可能になる原子力＝核発電という危険なシステム自体を全廃する必要を、改めて確認しておきたいと思います。

佐藤　嘉幸氏

◆低線量被曝の健康リスクの否認とその理由

第二に、原告側は避難者の元の住居周辺の土壌汚染値や空間線量が極めて高いという調査結果を通じて、低線量被曝（一〇〇ミリシーベルト以下の被曝）の健康影響の問題を争点化しましたが、判決は一〇〇ミリシーベルトしきい値説をほぼ追認した上で、「将来がんに罹患したとしても、それが放射線被ばくを原因とするものなのか、喫煙その他の要因によるものなのかについてはおそらく判然としないであろうという事態を受忍して生活を続ける」ことの「精神的損害」に対してのみ慰謝料を認めました。判決のこの複雑な表現に注意して下さい。これでは結局、避難者が何を「受忍」することになるのかがまったく理解できません。これは明らかに、国と東京電力が一貫して否定する低線量被曝の健康リスクについて判断を避ける、否認の論理の典型です。

一〇〇ミリシーベルト以下の健康影響について、裁判では、原告、そして原告側の崎山比早子さん、聞間元《ききまはじめ》さんが、広島・長崎被爆者寿命調査（ＬＳＳ）の解釈のみならず、核施設労働者の被曝、自然被曝のデータなどをも引用して綿密に証明したところですが、判決は不可解な理由でこれを否認して、ＬＮＴ（しきい値なし直線）モデルに依拠することはできないと述べています。判決から引用します。

> **以上によれば、これら低線量被ばくに関する専門的知見の指し示すところは、結局のところ、生物学的知見に基づけば、低線量被ばくによってがんの罹患率が高まると解しても矛盾がないが、現時点までの疫学的知見に基づけば、一定の集団について、低線量領域であっても、被ばく量の増加に伴いリスクが高まっているとみることができる研究成果があるものの、これらは、無被ばく者が、従前の被ばく量をわずかでも超える被ばくをすれば、がんの発症ほか健康上の影響を受けるということまで統計的に実証したものではなく、従って、上記研究成果を、低線量の放射線にばく露した者一切に当てはまるものとして捉えることはできないから、原告らについての権利侵害の有無や損害**

額を認定判断するに当たって、原告ら主張の、しきい値のないＬＮＴモデルを直接の基準とすることはできないというべきである。

この文章は、前段で「現時点までの疫学的知見に基づけば、一定の集団について、低線量領域であっても、被ばく量の増加に伴いリスクが高まっているとみることができる研究成果がある」と述べるにもかかわらず、後段で「これらは、無被ばく者が、従前の被ばく量をわずかでも超える被ばくをすれば、がんの発症ほか健康上の影響を受けるということまで統計的に実証したものではなく」と前段の内容を否認してＬＮＴモデルを否定していますが、核施設労働者の被曝、医療被曝、自然被曝などのデータによって一〇〇ミリシーベルト以下の低線量被曝のリスク、すなわち健康影響が科学的にも統計的にも実証されている以上、後段は前段の内容と矛盾しており、まさに否認の典型とでも言い得る論理構成になっています。この点をめぐって例えば、最低限の科学的知識さえあれば、判決の以下の主張は明確に誤っていると理解できるはずです。

ｄ オーストラリアＣＴスキャン影響調査

同調査によれば、若年期にＣＴスキャンを受けた者の方が、受けない者よりもがん罹患率が高いとし、また、ＣＴスキャン一回当たりの平均有効放射線量を四・五ミリシーベルトと推定した上、これが繰り返されるとがん罹患のリスクが高まるとするが、線最反応関係にしきい値がないという報告はなされていない。

実際には、ＣＴスキャン一回の被曝量が四・五ミリシーベルトであり、ＣＴスキャンの回数と共に統計的に有意なガン増加が認められている以上、しきい値は存在しないと見なされるべきであり、仮にしきい値が存在するとしても、それは四・五ミリシーベルト以下になるはずです（「熊取六人組」の一人である今中哲二さんの以下の意見書を参照。「福島原発事故自主避難者裁判（千葉地裁）への「意見書」」、二〇一七年、図26。http://www.rri.kyoto-u.ac.jp/NSRG/Fksm/chiba-

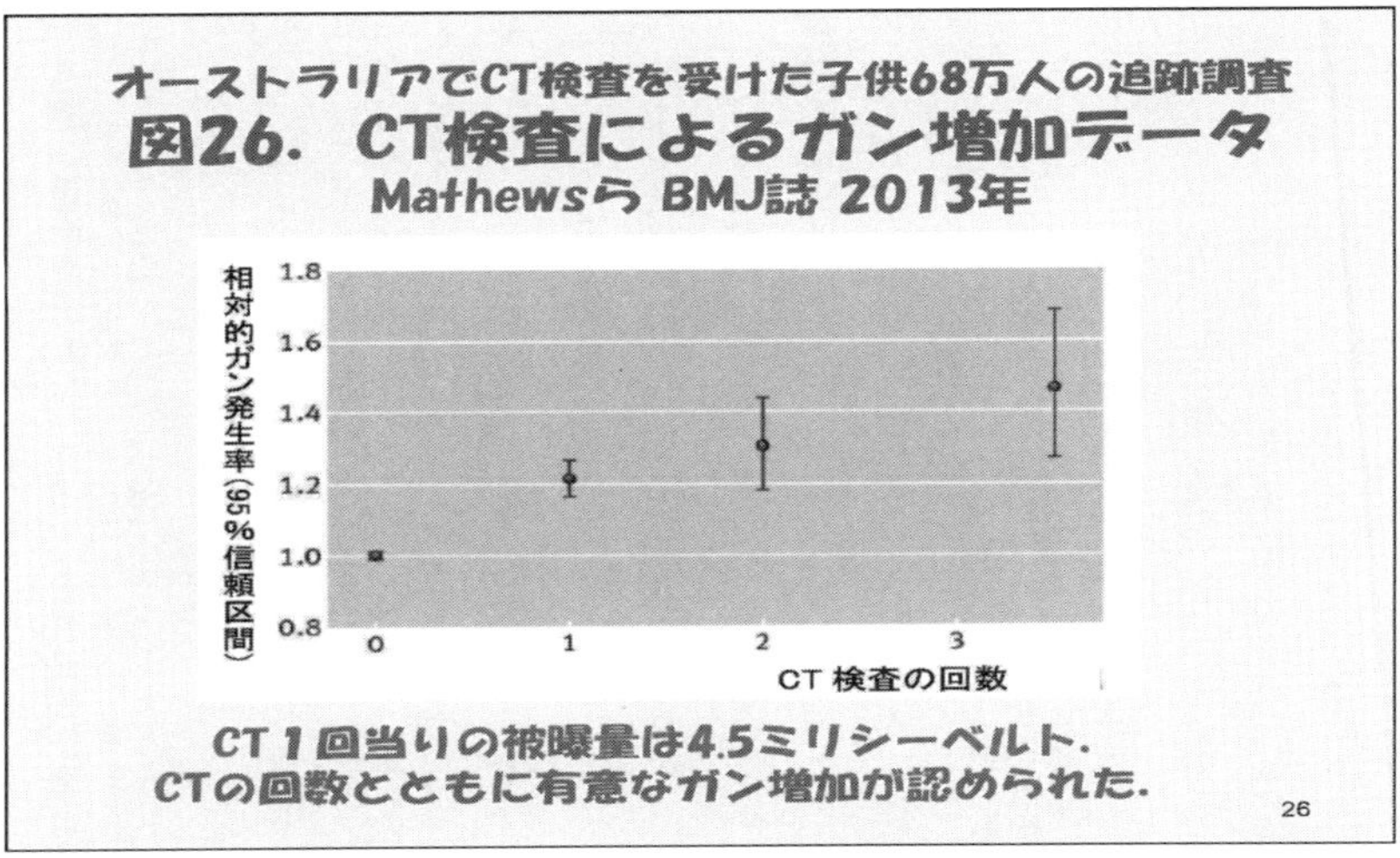

図1　オーストラリアにおけるCTスキャン影響調査（今中哲二「福島原発事故自主避難者裁判（千葉地裁）への「意見書」」より引用）

ikensho-17-5-26.pdf（図1）。この否認が意図的なのか、意図的でないのかはわかりませんが、こうした否認が確固として存在する以上、私たちはその理由を考えなければなりません。

また、原告側は、原告たちが元の住居に居住した場合、今後五〇年間の累計で五〇ミリシーベルトから三千ミリシーベルト以上の被曝をすることになると主張し、土壌汚染についてもほとんどの原告の自宅周辺から放射線管理区域の基準値四万ベクレル以上の汚染が検出されていると主張しましたが、判決はこの点については何も述べていません。これを消極的な否認と表現することもできるでしょう。

これらの否認の理由を考えるために、判決の以下の主張に注目したいと思います。判決は、これら被曝影響の否認を「社会通念」に結び付けて、区域外避難者への賠償拡大を拒否する根拠としています。

> **原告らは、崎山比早子や聞間元の各供述からも、避難指示の指定がない居住地から避難した者の損害を軽視すべきでないと主張する。低線量であっ**

ても、それによりがんに罹患するリスクが上昇することを生物学的に否定できない以上、その点に着眼した崎山比早子及び聞間元の指摘には傾聴すべき点がある。

しかし、当裁判所は、当裁判所が認める自己決定権侵害（Ｃ）の肯否に当たって、社会通念及び一般人の観点を重視するものである。低線量被ばくによる健康影響を恐れて避難した者に対して帰還を強制することができないのは崎山比早子及び聞間元らの指摘どおりであるにしても、そのような者に対する原賠法及び国賠法上の損害賠償債務の成否及び範囲は、社会通念に照らして自ずと限定されるというべきである。崎山比早子及び聞間元の各供述は、当裁判所の認定を何ら左右しない。

判決は、崎山さんの意見書内容、聞間さんの証言内容を「低線量であっても、それによりがんに罹患するリスクが上昇することを生物学的に否定できない以上、その点に着眼した崎山比早子及び聞間元の指摘には傾聴すべき点がある」といったん肯定して見せるにもかかわらず、その後、低線量被曝に起因する区域外避難者への賠償拡大を、「社会通念」に基づいて拒否しています。「社会通念」という用語は法廷においてのみ通じるマジックワードであり、科学的主張を「社会的」影響に還元して容易に否認することのできる、極めて不可解な概念です。ここから導かれる帰結は、判決におけるＬＮＴモデルの否認は主として、区域外避難者への区域内避難者並みの賠償拡大を拒絶するためになされている、ということです。しかし、区域外避難者も区域内避難者と同じ原発事故の影響によって避難を余儀なくされたことを考えれば、「子ども避難者支援法」の規定に則って、区域外避難者にも避難先での生活を保障し得る正当な賠償がなされるべきです。

◆賠償格差と避難者の切り捨て

第三に、原告側は、避難区域の線引きの不合理性を指摘して、異なった避難区域間の賠償格差、そして区域内避難者と区域外避難者との賠償格差をできるだけ軽減しようとしました。これについて判決は、中間指針が定める避難区域間の賠償格差をある程度圧縮するものであり、ふるさと喪失慰謝料を「帰還困難区域」のみでなく避難指示が出された他の地域にまで認め、各区域間の賠償格差を圧縮した点で、ある程度評価できます（ただし、判決が認めた「ふるさと喪失慰謝料」は、中間指針第四次追補の「故郷喪失慰謝料」に金額を上積みするものですが、後者は避難慰謝料のまとめ払いであり、両者は別ものでなければならない、という除本理史さん（大阪市立大学）の指摘もあります。「「ふるさと喪失」被害とその回復措置」、淡路剛久監修、『原発事故被害回復の法と政策』、日本評論社、二〇一八年、九二頁）。

しかし判決は、原告がふるさと喪失慰謝料とは別に要求していた月額三五万円の避難慰謝料を、一切認めていません。また判決は、ふるさと喪失慰謝料を国の定めた避難区域に応じて認定しており、区域外避難者には一切認めていません。そのために、原告側が求めていた五四億円という賠償額に対して、判決が認めた賠償額は四億二千万円と約八％と、極めて低いものになっています。とりわけ、母子避難も多い区域外避難者への賠償額は、多くの避難者の経済的困難の度合いに比して極端に低くなっています。そして、先に述べたように、こうした区域外避難者と区域内避難者との賠償格差を正当化するために、低線量被曝の健康影響が否認されているという事実があります。

多くの原発訴訟は、区域外避難に一定の合理性を認めているにもかかわらず、区域内避難と区域外避難の区別については基本的に国の避難政策を前提とし、中間指針を微修正する形で賠償額を算定しています。そのため、区域外避難者と区域内避難者との間の賠償格差は大きいままであり、多くの判決は国の避難政策を前に判断を停止しているように見えます（「高度な政治性」を有する国家の統治行為に関して司法は判断を示さない、という「統治行為論」という概念が想起されます）。

この点を考慮すれば、裁判を通じてこうした国の避難政策の不合理性を訴えていくと同時に、帰還政策に伴う避難者の切り捨てを国の政策として是正させていくという社会運動も必要になるでしょう。実際には避難を継続している人々が多数存在するのに、国と福島県は避難指示を解除したとして、二〇一七年以来、区域内避難者に対する賠償の支払い、区域内、区域外避難者に対する住宅無償提供、家賃補助を次々と打ち切っており、多くの避難者が経済的困難に陥っています（例えば東京都の調査によれば、東京都の区域外避難者の世帯中、二二％が月収一〇万円以下、五二％が二〇万円以下であり、多くの方々が家賃の支払いに困難を抱えています。以下を参照。FoE Japan、「声明：原発事故避難者への相次ぐ支援打ち切りに抗議――避難者の困窮に目を向けて」、二〇一九年四月一日、http://www.foejapan.org/energy/library/190401.html）。こうした「強制的」帰還政策は極めて不合理であり、人道的見地からこのような「強制的」帰還政策の早急な是正が必要であって、そのためには、裁判だけでなくそれと連携した社会運動が必要になります（こうした社会運動の一例として、私はここで「避難の協同センター」の実践を念頭に置いています）。

原発事故から八年以上が経過した現在、避難指示の漸次的解除に伴い、避難者に対する賠償、経済的支援は次々と打ち切られ、多くの避難者が経済的困難の中に打ち捨てられています。こうした差し迫った貧困状況に比して、裁判の進行は遅々たるものであり、上級審での審理に要する長い時間の中で、被害者たちの困窮はさらに深まりかねません。対して、国は原発事故を起こした責任を反省することなく、次々と原発の再稼動を進めています（再稼動に向けて着々と準備を整えつつある四〇年越えの老朽原発、東海第二原発の現状を参照）。しかしむしろ、国は悲惨な原発過酷事故を起こした反省の上に立ち、被害者救済と脱原発へと根本的に態度を改めるべきなのです。

前田　佐藤さん、ありがとうございました。

「原子力国家」を支えるイデオロギーの強靭さを冷静に把握して、避難者の救済と脱原発の思想と運動をいかに鍛え上げるべきか、その道筋を示していただきました。

6　質疑応答

前田　続いて、会場からの発言をお願いします。時間の制約があるため申し訳ございませんが、ポイントを絞って発言してもらえると助かります。

――福島からまいりました。黒澤弁護士に質問したいと思います。今回の裁判の結果について、政権側への「忖度」が大分あるんじゃないかという話が聞こえてきます。特に中間指針に影響されているのではないか。中間指針というのは国が決めたものです。加害者が決めたものに対して、裁判所がこれを「忖度」すること自体、三権分立からかけ離れていると感じます。それから危機管理にしても、原子力災害対策本部が決めたことを、各省庁が粛々と進めている。これを決めた事務局というのは、内閣府の原発避難者支援チームであり、原子力災害対策本部の本部長は安倍晋三首相です。ここで決められたことが、災害対策本部の決定事項として各省庁に政策として引き渡されている。そういうところを裁判の中でどう追及していくのか。そこが課題の一つではないでしょうか。

――一つには、当事者だけが国と闘う場合には、社会運動が必要だと思います。その輪を広げていくためにも、もう少しわかりやすい話が必要なのではないでしょうか。もう一つは、健康手帳を、水俣のように作るとどうでしょうか。今回は原発事故の日付がはっきりしているわけですから、福島だけではなく、東京でも原発事故の影響に関わる健康手帳を作ってもらいたい。

――今行われているのは、憲法訴訟ではありません。行政訴訟などです。これを憲法訴訟という形で、もっと多くの人々を巻き込んだ永続的な訴訟にしていくのはどうでしょうか。これで負けてもめげない。日本国民が延々と訴訟する。特に今の憲法が壊されないうちに、きちんとそういう憲法訴訟を立ち上げて、民衆訴訟的なものを起こしていく方法がないのでしょうか。

前田　憲法論にもいくつかのレベルがあります。住民が受けた被害を、日本政府と東京電力の故意または過失による重大人権侵害として構成して、民事訴訟の中で憲法論を展開することは、各地の原発訴訟で行われてきました。

他方、原発の設置、運営そのものを憲法論として再検討する試みがあります。大阪経済法科大学の澤野義一教授は、原発民衆法廷の大阪公判で証人として登壇し、「原発違憲論」を展開しました。個々の原発事故や事故隠しが憲法違反なのではなく、原発を建設することが憲法違反だという主張です。その根拠はすべての人々が有する生命権、人格権、あらゆる生活利益です。また憲法第九条も根拠として引用されています。

澤野教授は違憲論を側面から支える立法例として、原発を否定したオーストリア憲法及びミクロネシア連邦共和国憲法を挙げるとともに、コスタリカ憲法裁判所の原発否定判決も紹介しています。国際社会ではＩＡＥＡが存在するように原発の存在が認められているように見えますが、国際人権法の要請を踏まえるならば、原発容認の余地は否定的に理解するべきです（詳しくは以下を参照。澤野義一『脱原発と平和の憲法理論――日本国憲法が示す平和と安全』、法律文化社、二〇一五年）。

――「原子力マフィア」という言葉は、その通りだと思います。四月一三日の東京新聞で、韓国が日本の水産物を禁輸したことに対して、世界貿易機関（ＷＴＯ）の紛争処理手続きで日本が逆転敗訴したという報道がありました。東京新聞の見出しは、「大誤算、復興の妨げに／安全性の主張、ＷＴＯその他」とありました。こういう報道をするのもいかがなものかと思いますが、逆に言うと、国際取引に関する機関はちゃんと見ている。東北の太平洋側の県、青森から千葉までの海産物を買わない。内陸部であれば栃木・群馬、これは湖沼や川の魚を買わない。危険だからだということです。マフィアが言う「安全宣言」が嘘だということは、世界中が知っている。日本だけが国民に対して、「原発事故はもう終わった」、「次はオリンピック」、「聖火を持って走ろう」とか平気で言っている。そういうことに対しては、国際世論にも訴えるような取組みをやっていかないといけないんじゃないか。

――村田さんの話を聞いていて、辛いなと思いました。僕［「民の声新聞」の鈴木博喜さん］は福島の中通りの取材を八年間していて、そのしんどさはすごく共感できます。中通りでも被害者訴訟があり、精神的損害を受けたと訴えている人たちがいます。その方たちは、陳述書から入れると、五年近く訴訟に携わっていて、もう疲れた、これ以上無理ですと言っている。本人尋問もあり、これからもどれだけしんどい思いをすればいいのかということで、何とか和解をしたい、ここで終わらせましょうというところに来ています。外から見ている人間は、皆さんに闘ってほしいし、何の罪もない被害者がこのまま切り捨てられるのはおかしい、だから闘ってほしいと思う。でも一方で、村田さんをはじめ、原告の方々のメンタルのケアに関して、闘う人たちはどんどん疲弊し、世間からは「まだ金が欲しいのか」と叩かれる、「福島に帰ればいいじゃないか」と言われる。それに対して、僕たちはどうやって支えたらいいのでしょうか。

――技術的な質問をします。一つは新たな放射線の教育が、来年ぐらいから、中学で行われます。これに対するコメントをお願いします。もう一つは、トリチウム汚染水の放水をするかどうか。トリチウムの人体への影響についてお願いします。三つ目は、放射線審議会の中で、放射線の管理を、空間の線量の管理から個人線量にしましょうという話でほぼ決定しました。どうも放射線審議会の中に、崎山先生が触れられた一七名の方たちが含まれている。こうした人選のあり方についてコメントいただければと思います。

前田　日本政府が設置してきた審議会や諮問委員会には、どの分野の審議会でも、関連業界から助成金や研究費を受け取ってきた人物が選任されてきました。大学教授であれ評論家であれ、「専門家」と称していますが、実は業界から賄賂をもらって審議会入りして、利益誘導する役割を果たしてきました。原発問題関連の審議会はその最たるものです。利害関係者が専門家の仮面をつけただけです。こうして税金の使い道を左右し、そこから次の利益を懐に入れるのです。日本政府だけでなく地方自治体の審議会でも、業界の手先となって暗躍する自称「専門家」が多すぎます。「原子力マフィア」の一角に御用学者がひしめいていることが三・一一によって白日の下に曝されました。

　原発民衆法廷の決定の中では、電力業界からお金をもらった人間を審議会等に入れてはいけないという当たり前のことを確認しましたが、参加者から「かなり思い切ったことを言いましたね」と言われました。私たちもそういう意識に慣らされている面があるのかもしれません。

　それでは、先程とは逆の順番で、村田さんからコメントをお願いします。

村田　原告のメンタル面についてご質問いただきました。おっしゃる通り、大多数の原告はくたびれ果てているはずです。そして、五年以上経って、判決に至っても、この程度か、という絶望感が追い打ちをかけています。これ以降も、同じようなモチベーションを持ちながら闘っていくのは大変難しいと思います。

　ただ私も、新聞記者稼業をやっていたこともあり、今までにあった公害訴訟の長い闘争を見ていると、まさに加害者と被害者の力関係は、最初から違っているわけです。ことに国を相手にした場合、大企業を相手にした場合、彼らは痛くも痒くもないんですね。訴訟を長期化させていけば、被害者が疲弊して亡くなる、いなくなる。それが本当の解決だと彼らは思っているわけですから。そういう不平等の構造化はもうできあがっていて、これを変えていくことはできない。結局、被害者である原告がどこまで頑張れるか、その抵抗をどこまでやっていくか、ということにかかっています。

疲れた人は、自分を守ることも大切だから、退出していくことは当たり前なことです。それでもやっぱり馬鹿にされたくない、許したくないと思う人が最後までやっていくしかない。それを支援していただけること、しんどい闘いをやっているのを理解してもらえることは、まさに最大の支援だと思います。段々時間が経っていくに従って、いわゆる「風化」が進んでいることは事実です。「いつまでそういうことをやってるんだ」と、福島に残っている親族を含めても、そういう雰囲気が蔓延してきています。原告を取り巻く環境は、時間が経つごとに厳しくなっていく。しかし、その中でやっていくしかないと思うと、細々ながらやっていることを理解していただけること、それが一番の支援になると思っています。

黒澤 最初に、国への「忖度」があるんじゃないかというご意見をいただきました。中間指針、二〇ミリシーベルトという線量、いろいろ出ていましたが、結局構造的に、国と東電で決めたものがあり、そこに司法が追従せざるを得ない状況が生まれている。そのことに対する評価だと思います。これは当初から予想されたことです。振り返ってみて、二〇一一年当時は、国もどういう動きをしていいのかまだ固められていなかったと思います。官僚にもいろんな動きがありました。その後、先方のやり方が大分見えてきたのは、今回は経産省が率先して基準を作りに来たという点です。今までの公害訴訟ではあまりない動きだと思います。要するに、事故があり被害があり、そことどう向き合うかというときに、本来当事者同士は、被害者と加害企業という関係があり、国はあまりそこに入ってこない。今回は原発ということもあり、特徴的なのは、経産省が表に出てきたということです。彼らは原発を推進したい、再稼働に持っていきたい。その中で、今回の事態をどう収束させるか、青写真を描いて来ている。その中での賠償金の金額、賠償の位置付けになっている、というのが全体的な構造だと思います。それに対して司法は、どうしても訴訟が始まってから、後手後手の判断になります。先に行政の方に先手を打たれてしまうと、三権の関係性の中でも、自分の存在感を発揮しにくくなっている。そういうことがありつつ、現状では賠償が相当程度行われてしまっているところで、裁判官に、あなたは現状をもう一度リセットできますか、と言えるかどうか。端的に言って、そういう構造が作られてきているんだと思います。

もう一つは、崎山先生がおっしゃったように、国が連名意見書を出している。ここで出てくるのは裁判官への脅しですよね。低線量被曝の問題についての裁判官が判断してしまうと、福島の復興に反するんだとか、あるいは地域の住民の希望に反するんだと、意見書に堂々と書いてきている。裁判官が今の賠償のあり方を大きく是正すること、あるいは低線量被曝の問題に大きく踏み込むこと、これをやるなというメッセージを明確に伝えてきている。そして実際、そうやって外堀と内堀を固めてきているのが現状だと思います。これに関しては、現状は変えられないので、どう打破していくか。弱い裁判官は、佐藤先生が言われた「否認の論理」にどうしても逃げてしまうと思います。そこは理屈で突破していくこと。また、理屈だけではどうしようもありませんし、原告の頑張りだけでも厳しい。やはり社会の中に、崎山先生がおっしゃったように、新たな社会通念を作っていく、裁判官がこういう判断をすることが社会として是認される、後押ししていけるような雰囲気を作っていかなければならない。完全にアウェイの状況で、裁判官だけに頑張れと言うのも難しい。当事者、支援、そして運動として広げていく中で、裁判官が勇気を持てる。そういう土壌を作っていかないと、現状は覆し難いと思っています。

関連した話で、そうは言っても事故後八年で、当事者の方は本当に疲弊しきっています。おそらく積極的に支援して下さっている方でも、疲弊感が出ているのではないでしょうか。そういう中で、ただ頑張ろうというのも厳しい。逆に考えると、国側から見ると、非常に狙い通りの状況になってきていると思います。賠償金は、中間指針の改定によって少しずつ支払われていますが、それが第四次追補で止まっているんですね。その中で皆さんは、生活の糧がない、住まいがない、状況の進展がない、世間の関心も落ちていく、というかなり追いつめられた状態にあります。だから、判決だけではどうしようもありません。司法判断の少しでも進んだ部分を、まず全被害者への賠償の見直しとして反映させる、という形で一歩ずつ進んでいくしかないと思っています。少しでも状況が動いていることが皆さんの勇気につながって、少しでも動くことが少しだけ結果につながるということを、皆さんに実感していただきながら、一歩ずつ進めていくしかないと思っています。何とか、今出てきている僅かな成果を、まず全被害者に及ぼせる形にしたい、というのが個人的に思っているところです。

最後に、憲法訴訟についてお答えいたします。ご質問の趣旨としては、多くの人に訴訟に関心を持っていただく、そして訴訟が永続性を持っていく、ということですね。ただ、当事者からすると、永続性を持つことはなかなか難しい。おっしゃりたいことは、原発訴訟が一部の被害者の話ではなく、皆さん全体に関わる問題であることを世間にしっかり知ってもらいたい、ということだと思います。実は訴訟の判決では、憲法に関わることも指摘されているんですね。避難によって生存権が脅かされている、侵害されている、それから生命身体の自由も侵害されている、その他憲法上の被害の実態は、判決が認めています。今やっている訴訟を憲法訴訟と位置付けるかどうかは別として、憲法上の様々な人権が総合的に、いろんな角度で蹂躙されている、そういう被害の実態自体は、今回の判決でも抽象的には認めています。ですから、私が申し上げるとしたら、実際に今やっている訴訟は、まさに憲法上の人権がここまで蹂躙されていいのか、という問題を判断しているのだと思っています。これまでの日本の歴史の中で、ここまで多面的に広範な権利侵害があった事例は多くないと思っています。そういった面でこの訴訟を意義付けていただければ、皆さんにきっと理解していただけると思います。

崎山　放射線の健康への影響を社会通念にすることを一番手っ取り早くできるのは、学校教育です。しかし学校教育が今、反対側に向かっている。『副読本』をご覧になったことがありますか。お孫さんやお子さんがいらっしゃる方は、学校でそういう教材を貰ってきたとき、目を通していただきたい。こんなことを教えていいのかと、皆さん自身が学校に対して言っていかないといけない。先生には言いにくいと思いますが、そういうところから声を上げないと、世の中は変わっていきません。私たちは圧倒的に劣勢なところにいるわけです。政府はお金も持っているし、パワーもありますし、人材もたくさん揃えています。政府の言う通りに動く人はたくさんいます。それに反対する人間はそれほど多くはありません。だけど、気づいた人が言わないと、世の中は変わっていかない。難しいけれど、一人ひとりがおかしいと声をあげていかないといけない。子どもさんが持たされた『副読本』に対して、これはおかしいと学校に言っていかないといけない。そうじゃないと、そうした本で育った人たちが大きくなって、選挙権を持っていく。そして社会通念になっていくわけです。私たちがここで止めないと、「しきい値なし直線（ＬＮＴ）モデルを社会通念に！」なんていうのは、夢のまた夢になってしまいます。結局、被害を受けるのは私たち市民です。少しでもいいから声を上げること、これが大切だと思います。

健康手帳のことを質問して下さいました。広島・長崎の人たちが、被曝手帳を手に入れられたのも、彼らの言うところでは、「手帳が天から降ってきたわけではない」ということです。やっぱり被害を受けた人が声をあげないと、現状は変わらない。もちろん私たちも応援しますから、福島の人も一所懸命、「健康手帳をよこせ」という声をあげていくことをしないと、世の中は変わっていかない気がします。

小出　今日、崎山さんが話して下さいましたけれども、放射線に被曝することはどんなに微量でも危険を伴う、というこいわゆるＬＮＴ仮説があります。それはもう学問的に言えば、疑う余地がないことなのです。そのため世界各国、日本も含めて、法令で被曝の限度を決めているんです。これ以上被曝してはいけないと法令で決めている。それは危険があることを認めているからなのです。普通の皆さんは、一年間に一ミリシーベルト。それ以上の被曝をさせてはいけないという法律が、ちゃんと日本の国にはあったわけです。それも一ミリシーベルトならば危険がないというのではありません。このぐらいの被曝は我慢しろということで決められた被曝量です。私は四年ほど前まで、京都大学原子炉実験所で放射能を取り扱う仕事をして、給料を貰っていました。そのため、私のような特殊な人間に関しては、給料を貰うんだから少しぐらいは我慢しろと言われて、一年間に二〇ミリシーベルト、普通の人に比べれば二〇倍我慢しろ、と決まっていました。子どもは敏感だから、放射能を取り扱うような仕事はしてはいけない、ということまでちゃんと決められていたわけです。

福島の事故が起きた後、崎山さんが話して下さいましたが、一年間に二〇ミリシーベルトまでは子どもも赤ん坊もみんな我慢しろ、と国が言い出している。私は、国というより原子力マフィアと言っていますが、自分たちが引き起こした犯罪の責任も取らないまま、その責任を逃れるために、今度は被曝の安全神話までわざわざ作り出して、子どもたちに被曝を強制するようなことをやっているのです。なぜそんなことができるのか。もう皆さんお忘れかもしれませんが、二〇一一年三月一一日に、原子力緊急事態宣言なるものが出された。今は緊急事態だから法令を守らなくてもいいということで、特別措置法をどんどん乱発して、子どもの被曝限度も緩和してしまうことまでやっている。そしてその原子力緊急事態宣言は、今もまだ解除されていないのです。今日、この会場にいらっしゃる方はご存じなのかもしれませんけれども、ほとんどの日本人は、そのことを既に忘れさせられてしまっている。緊急事態が一週間続いてしまった、ひと月続いてしまった、何か月か続いてしまったというのならば、まだわからないでもない。しかし八年以上経った今も、原子力緊急事態宣言は解除できないのです。

これから原子力緊急事態宣言はどうなると思いますか。この緊急事態宣言を支えている主犯の放射性物質は、セシウム一三七という名前の放射性物質です。一〇〇年経って、やっと一〇分の一にしか減ってくれません。今福島の汚染地は、ものすごい汚染が残っており、その汚染が一〇分の一に減ったところでなお、放射線管理区域にしなければならないほどの汚染地帯なのです。つまりこの日本という国は、一〇〇年経っても、原子力緊急事態宣言を解除できない、それほど異常な国になっているのです。そして、さらに異常なのは、国民がそのことを忘れさせられてしまっているということです。崎山さんが、教育が大切だということを、繰り返しおっしゃって下さいました。支配する側が使う道具は二つです。一つは教育です。一つはマスコミです。マスコミですら、もう原子力緊急事態宣言が続いていることを言わなくなってしまった。そういう状態に今この国が押し込められてしまっている。大変異常な国なんだということを、皆さん心に刻んでいただきたいと思います。

村田さんをはじめ、被害を受けた方々が、ようやくにしてまだ立って下さっているわけですけれども、その方々の苦難を思えば、いつまで立って下さるのか、私には不安だし、よくわかりません。やっぱり、一人ひとりの国民が賢くならないといけないし、マスコミの方はマスコミの方で、自分が何をやるべきなのかを、しっかりと考えていってほしいと願います。

――崎山さんの言葉を聞きながら思い出したことがあります。SNSで知った情報です。大阪府の茨木市では、地方議員の頑張りで、『放射線副読本』を使っていません。そういう動きが、あちこちでもっと活発化することを祈っています。

――私はふくかな訴訟の原告です。帰還困難区域に住んでいまして、去年の三月九日に特定復興再生拠点区域という名前がつきました。二〇二五年まで帰れないとされていますが、Jブリッジ駅もでき、そこから聖火ランナーが走ります。おかしいですよね。あそこだって十分汚染されています。福島で郡山でも東京でも、ホットスポットがあります。これからが大変です。国で定めたことは揺るぎなく、決められたことは進められていく。それに対して決して諦めず、今後私たちは控訴もし、上告もして、頑張らないといけないと思います。

前田　ありがとうございました。

日本の国と社会のあり方――これは私たち自身の問題ですけれども、どうしようもない事態が長く続く中で、手がかりがない、お金がない、人材が足りない、パワーが足りない。結局諦めさせられてきた歴史があります。脱原発を求め、原発事故避難者の尊厳と人権の擁護のため、いろんな現場で、みんな必死で頑張ってきたのに、なぜ成果が出ないんだと呟きながら、いつも大きな壁にぶつかってきました。原発問題も長い間、皆さん大変な壁にぶつかりながら必死で頑張っている状況です。

政権と電力業界は二〇一一年の最大のピンチを必死になって乗り越えようとしてきました。しかし、原発と人類は共存できません。脱原発の流れは止められません。今おっしゃられたように、決して諦めずに、これからも頑張り続けたいと思います。

今日は長時間お付き合いいただきましてありがとうございました。まだまだ議論し残したテーマがたくさんありますが、それぞれの持ち場に帰って、次の一歩に向けて取り組みを進めていきましょう。

パネラー及びコメントをいただいた佐藤嘉幸さん、村田弘さん、崎山比早子さん、小出裕章さん、黒澤知弘さん、どうもありがとうございました。参加者の皆さん、どうもありがとうございました。

あとがき

本書では、黒澤知弘さん、小出裕章さん、崎山比早子さん、村田弘さんに、二〇一九年二月に出された福島原発かながわ訴訟（ふくかな訴訟）の判決から出発して、福島第一原発事故をめぐる諸問題を考察していただいた。それぞれのパネリストの方々の発表は、ふくかな判決の法的問題点（黒澤さん）、原発の本質的危険性（小出さん）、原発事故の健康影響（崎山さん）、訴訟当事者としてのふくかな判決の評価（村田さん）のそれぞれをめぐる大変切り込みの鋭い、啓発的なものであり、私がここでこれ以上内容を振り返るまでもないだろう。

その中でも私にとって最も印象深かったのは、ふくかな訴訟原告団長を務められ、訴訟全体を先導してこられた村田弘さんの「裁判を通して本当に被害者が救済されることはあり得ないのではないか」という、叫びにも近い述懐であった。三権分立が確保されている民主主義国家において、司法とは本来、立法、行政が遂行している政策をそれとは独立した観点から修正することのできる、唯一の審級であるはずだ。しかしながら現在、その司法は立法、行政が行っている政策をほぼ追認するだけで、それに対する根本的な修正の能力を持っていない。このような裁判をいくら続けても、これまでの原発推進政策、原発事故被害者の棄民政策が根本的に断罪、修正される日は来ないのではないか。そうした思いが村田さんの述懐から伝わってきた。

恐らく読者の皆さんにも、村田さんの思いは伝わったのではないか。脱原発が実現され、原発事故被害者が本質的な意味で（経済的にも精神的にも）救済されることによってしか、こうした声が止む日が来ることはない。そのためにも、本書の主張が一人でも多くの人々に届くことを願ってやまない。

最後になったが、本書の元になったシンポジウム「福島原発集団訴訟の判決を巡って――民衆の視座から」の企画・運営・出版に全面協力して下さったスペース・オルタの佐藤真起さん、そして、シンポジウムの内容を適切に出版に導いて下さった読書人の明石健五さんに、最大限の感謝を捧げたい。

二〇一九年五月七日
佐藤嘉幸

司会
前田　朗さん

巻末資料1

◆原子力発電所を問う民衆法廷
第一〜第九回法廷での決定と勧告（主文抜枠）

●決定第一号（第一回　東京法廷　二〇一二年二月二十五日（土）機械振興会館ホール）

「民衆法廷とは何であり、なぜ、何を裁くのか――本法廷の性格と任務」

●決定第二号（第二回　大阪法廷―I　二〇一二年四月十五日（日）大阪市立城東会館ホール）

一、被告関西電力は、大飯原発一号・三号・四号機、美浜原発一号・三号機、高浜原発一号・四号機の再稼動及び調整運転をさせてはならない。

二、被告四国電力は、伊方原発一号・二号・三号機の再稼動及び調整運転をさせてはならない。

三、被告国は、前2項の原発を再稼動させてはならない。国は、二〇一二年四月十三日に行った大飯原発三号・四号機再稼動の決定を撤回すべきである。

四、被告国は、福島第一原発事故の原因を解明し、十分な調査を行い、十分な情報開示を行ったうえで、あらゆる知見を集約して原子力政策を抜本的に見直す作業を進めるべきである。

五、訴外・西川一誠福井県知事は、大飯原発の再稼動に同意してはならない。

六、訴外・時岡忍おおい町長は、大飯原発再稼動に同意してはならない。

七、福井県、滋賀県、京都府、大阪府、兵庫県の各知事は、関西電力保有の原発群の安全性判断のために、共同して原子力安全専門委員会を設置すべきである。

八、福井県、滋賀県、京都府、大阪府、兵庫県、奈良県、三重県、和歌山県の各知事は、関西圏における中長期的なエネルギー政策のあり方を検討のため、エネルギー政策検討委員会を設置すべきである。

●決定第三号（第三回　郡山法廷　二〇一二年五月二十日（日）郡山市民交流プラザ）

一、被告人東京電力株式会社（代表取締役社長西澤俊夫）は、人の健康に関わる公害犯罪の処罰に関する法律第二条につき有罪とし、第四条を適用する。

二、被告人勝俣恒久、同・清水正孝、同・武藤栄は、業務上過失致死傷罪につき有罪。

三、被告人班目春樹、同・寺坂信昭、同・近藤駿介は、業務上過失致死傷罪につき有罪。

四、被告人菅直人、同・海江田万里、同・枝野幸男は、業務上過失致死傷罪につき有罪。

●決定第四号（第四回　大阪法廷―II　二〇一二年六月十七日（日）大阪市立平野区民ホール）

一、被告関西電力は、大飯原発一号・三号・四号機、美浜原発一号・三号機、高浜原発一号・四号機を再稼動することなく、すみやかに廃炉にせよ。

二、被告四国電力は、伊方原発一号・二号・三号機を再稼動することなく、すみやかに廃炉にせよ。

三、被告日本原子力発電は、敦賀原発一・二号機を再稼働することなく、すみやかに廃炉にせよ。

四、被告国は、日本原子力発電に対し、前項の原発に関する定期検査修了書証を交付してはならない。

五、被告国は、二〇一二年六月八日に行った大飯原発三号・四号機再稼動の決定を撤回せよ。

六、被告国は、「脱原発依存」を再確認し、そのための具体的計画をすみやかに策定せよ。

●決定第五号（第五回　広島法廷　二〇一二年七月十五日（日）広島市まちづくり市民交流プラザ）

一、核兵器の使用が国際刑事裁判所ローマ規定第七条「人道に対する罪」並びに第八条「戦争犯罪」に該当するという認識は、国際的にも共有されている。「核抑止力」は、核兵器を使って前記犯罪行為の計画と準備を行っていることを明らかにして威嚇する行為であり、ニュルンベルク憲章第六条「戦争犯罪」の（a）「平和に対する罪」に該当する重大な犯罪行為であると同時に、国連憲章第二条第四項「武力による威嚇の禁止」に違反している。原発は核燃料再処理工場の存在そのものが「潜在的核抑止力」と一体であり、国連憲章並びに日本国憲法第九条に違反する。

二、原発から放出された放射能は、広範な地域住民を無差別に被曝させ、後世代にわたって被災者の健康を蝕み、さらに住民の「強制移送」を引き起こす「心身両面の健康に重大な害をもたらす非人間的な行為」であり、核兵器の使用と同様に「人道に対する罪」に該当すると判断できる。

三、原発事故による放射能は、住宅地、農地、森林、植物、河川水、海水と無差別に環境を汚染し、その地域に生息するあらゆる種類の生物を無差別かつ大最に殺傷する。これは「環境に対する犯罪行為」であり、国連の「人間環境宣言」（一九七二年六月十六日採択）及び「世界人権宣言」（一九四八年十二月十日採択）、日本国憲法で保障された人権（十三条＝生命権、幸福追求権、環境権、二十二条＝居住・移動の権利、二十九条＝財産権、二十五条＝生存権、二十六条＝教育を受ける権利、二十七条＝働く権利、十一条・九十七条＝将来世代国民の権利）を剥奪する違法行為である。

四、（結論）二〇世紀から始まった「核の時代」は、人類を含む様々な生命体を犠牲にして築き上げられてきた「殺戮の政治・経済・社会体制」であるといえる。このような体制の確立と維持に努力または協力してきた人間の行為は、人類とすべての生物と地球を絶滅の危険に曝すことを厭わなかった明確な「犯罪行為」であった。我々にいま要求されているのは、あらゆる生命体を守るための「生きもの」としての倫理的行動である。その一つとして、法による正義追及という方法を強化し、広げていかなければならない。

●決定第六号（第五回　広島法廷）

一、被告山口県知事は、中国電力に対する上関町大字長島地先の公有水面埋立て事業（上関原発建設用地）の免許を取り消せ。

二、被告国は、二〇〇一年六月策定の電源基本計画から上関原発計画を削除せよ。

三、被告国、中川電力による原子炉設置許可申請に対し、許可処分をしてはならない。

四、被告中国電力は、島根原発一号・二号機を再稼　動してはならず、直ちに廃炉にせよ。

●決定第七号（第六回　札幌法廷　二〇一二年十二月八日（土）道民活動センター「かでる2・7」）

一、泊原発、大間原発及び幌延町における放射性廃棄物深地層処分場建設計画の推進は、日本国憲法十三条に違反する。これらに関してなされた行政手続きは、適正な手続きとはいえない。

二、被告国は、泊原発に関する定期検査終了証を交付してはならない。

三、被告北海道電力は、泊原発一号・二号・三号機を廃炉にせよ。

四、被告国は、大間原発建設再開の決定を取り消せ。

五、被告日本原子力研究開発機構は、幌延町の放射性廃棄物深地層処分場建設計画に関わる諸決定を取り消せ。

●決定第八号（第七回　四日市法廷　二〇一三年二月十一日（月）「じばさん三重」）

一、被告中部電力は、浜岡原発一号・二号機を自社決定に従い着実に廃炉にせよ。

二、被告中部電力は、浜岡原発三号・四号・五号機をすみやかに廃炉にせよ。

三、被告中部電力は、浜岡原発六号機の建設を中止せよ。

●勧告

一、被告中部電力は、芦浜原発、浜岡原発六号機の用地の利用につき、住民との協議を開始せよ。

二、被告中部電力は、芦浜原発原建設準備に伴い地域住民に多大な迷惑をかけたことを陳謝し、公的企業としての責任を果たす社会的行動をとれ。

●決定第九号（第八回　熊本法廷　二〇一三年五月二十五日（土）熊本大学全学教育棟）

一、被告国及び東京電力は、連帯して、東京電力福島原発事故の被害者に対し必要な賠償を行え。

二、被告国及び東京電力は、連帯して、被曝健康被害の発症・発現を予防する保養措置を講じよ。

三、被告国は、東京電力福島原発事故による被曝者認定制度を定立せよ。

四、国と東京電力は、被害自治体や被害者を対立・分断する政策や発言を一切停止せよ。

●決定第一〇号（第九回　福島法廷　二〇一三年六月八日（土）「コラッセふくしま」）

一、被告国は、二〇一一年十二月十六日の東電福島原発事故「収束宣言」を撤回し、収束作業及び廃炉作業を、作業労働者の人権と健康を尊重して、国の責任のもとに行え。

二、被告国は、被災地域に関わる区域再編の無効を確認し、国際基準に基づく年間積算被曝線量一ミリシーベルト以下を基準とした支援区域指定を行え。

三、被告国及び福島県は、予防原則に立った健康管理調査を行うとともに、健康被害の発症及び発現を可能な限り予防する健康管理手当の設定、検診・保養措置を実効化する措置を講じよ。

四、被告国は、「原発被曝者等認定制度」を定立し、賠償と適切な医療を提供せよ。

五、被告国及び福島県が国際原子力機関（ＩＡＥＡ）との間に締結した「福島県と国際原子力機関との協力に関する覚書」は、日本国憲法の理念、憲法十三条、及び国際基準に違反し無効であることを当法廷として確認する。

六、ジャーナリスト、市民、ＮＧＯは、福島原発事故によって明らかとなった「原発問題」、及び被災者の苦境を見過ごすことなく、事故の現況について正確な報道に努め、議論を継続し、事故を風化させず、被災者の人権と尊厳を守るために努力を続けよ。

巻末資料2

◆原子力発電所を問う民衆法廷・判決（主文要約）
（第十回　東京最終法廷　二〇一三年七月二〇日（土）・二一日（日）新宿区牛込箪笥区民ホール）

一、日本政府は、原子力発電所が人類及び自然生態系に与える影響を最新の科学的知見に基づいて徹底的に解明し、哲学・倫理学・法学など総合的な観点から再検討し、原子力発電所の全面廃止に向けた政策を策定せよ。

二、日本政府は、原発廃炉に向けて必要なあらゆる科学的知見を総動員し、原発廃炉のための政策とプロセスを確立し、内外に明らかにせよ。

三、日本政府は、原発の全面廃止を実現するために必要な措置を採るように、国際社会に働きかけるとともに、脱原発を求めて研究・提言・活動してきた研究者やNGOの協力を得て、原発禁止条約草案を策定し、国連総会に原発禁止条約の採択を提案せよ。

四、日本政府は、原発禁止条約を率先して批准するとともに、国連加盟各国及び台湾に対して条約を批准するように働きかけよ。

五、日本政府は、国連人権理事会に、「原子力発電所事故と人権に関する研究」を提案し、日本政府が保有する全資料を国連人権理事会に提出せよ。日本政府は、原発を保有する全電力会社に関連資料を提出させよ。

六、日本政府は、国連人権理事会に、「原子力発電所事故と人権に関する特別報告者」制度を設置するよう働きかけよ。また、「原子力発電所事故と人権に関する特別報告者」に任命されるべき候補者として、例えば当法廷で原告代理人として活動している河合弘之氏などのような専門家を、国連人権理事会に推薦せよ。

七、世界保健機構（WHO）は、最新の科学的知見に基づいて人為的放射能被曝線量に関する基準を制定し、国際原子力機関（IAEA）との間に交わした一九五九年覚書を破棄し、予防原則に立つ医療支援、包括支援を確立せよ。

八、国連人権高等弁務官（ＨＣＨＲ）は、最新の科学的知見に基づいて人為的放射能被曝線量に関する専門家セミナーを世界の各地域において開催し、科学水準の向上、科学的知見の普及に努めよ。

九、国際労働機関（ＩＬＯ）は、原発廃炉に向けた被曝労働に関する安全基準、保護措置を明確化せよ。

一〇、国連人権高等弁務官は、全世界の核燃料採掘地、核燃料製造工場、核燃料輸送、原発、実験炉、核燃料再処理工場、使用済み核燃料保管場などにおける労働者の被曝と人権に関する専門家セミナーを世界の各地において開催し、科学水準の向上、人権保障のために必要な措置、それに関する科学的知見の普及に努めよ。

一一、非原発保有諸国は、国連人権理事会で作成・検討中の「国連平和への権利に関する宣言草案」に脱原発条項、「原発のない世界で生きる権利」条項を追加するよう提案せよ。

一二、非原発保有諸国は、ラテン・アメリカ非核地帯条約、南太平洋非核地帯条約など非核地帯条約に非原発地帯条項を追加するよう努力せよ。

一三、日本、韓国、中国、台湾各政府は、国内に保有するすべての原発の廃炉プロセスを開始し、将来、東アジア非原発地帯条約、及び、非原発条項を含む東アジア非核地帯条約の締結を目指せ。

一四、非原発保有諸国は、原発の過酷事故が発生した際の重大な生命・身体及び環境に対する影響の国際人権法的評価、とりわけ原発の人道に対する罪の成立可能性に関する国際人道法的評価について検討することを、国際司法裁判所（ＩＣＪ）に要請する決議を国連総会で採択するよう努力せよ。

一五、国際原子力機関（ＩＡＥＡ）は、これまでの経済効率優先の姿勢を反省し、原子力発電所は過酷な人権侵害を引き起こし、「平和」利用は存在しないことを認め、核廃絶及び原子力発電所の廃絶を射程に入れて、組織改革を行え。

一六、非原発保有諸国は、国際原子力機関を、すべての原発廃炉に至るまでの廃炉労働の安全性を確保し、すべての核燃料関連工程に関する被曝労働と人権に関して必要な措置を講じる国際機関に改革するよう努力せよ。

一七、国連教育科学文化機関（ＵＮＥＳＣＯ）は、教育と科学と文化の本来のあり方に立ち返り、原発がとりわけ子どもが教育を受ける権利に対して与える影響を再評価せよ。

一八、一九四九年ジュネーヴ諸条約及び一九七七年の二つの選択議定書の当事国は、ジュネーヴ諸条約に核兵器等大量破壊兵器禁止条項を追加する第三の議定書を策定せよ。

一九、国連加盟各国は、国連人権理事会で検討中の「国連平和への権利に関する宣言草案」に明記されている大量破壊兵器の廃絶条項を最終宣言に含むよう努力せよ。

二〇、日本政府は、国連人権理事会において「平和への権利国連宣言」に反対投票してきた従来の姿勢を改めて、平和への権利国連宣言採択に協力せよ。

二一、国連加盟各国は、国連総会において、「核のない世界で生きる権利」決議、すなわち「核兵器も原発もない世界で生きる権利」決議を採択するように努力せよ。

二二、国連加盟各国は、原発禁止条項を有するオーストリア憲法に倣って、自国の憲法に原発禁止条項を盛り込むことを検討せよ。その際、原発が平和主義と平和への権利に違反すると判断したコスタリカ憲法裁判所判決を参照せよ。

二三、国連加盟各国は、国連総会において、核兵器廃絶条約及び原発禁止条約を採択するためにあらゆる努力を続けよ。

二四、平和、人権、環境を求めて活動してきた研究者、ＮＧＯ，ジャーナリストは、以上の二三項目の勧告を一歩でも進めるために、国際的なネットワークを形成して、相互尊重と連帯の精神をもって活動せよ。

二五、原発民衆法廷関係者、すなわち呼びかけ人、実行委員会、申立人、代理人、アミカス・キュリエ、証人、公判参加者・傍聴者、取材したジャーナリストは、本判決を社会に普及し、脱原発運動を発展させるために努力せよ。

二六、原発民衆法廷関係者は、脱原発運動関係者と協力して、それぞれの居住地域における住民主権の実現を図り、とりわけ脱原発条例を制定するために、地方自治体、地方議会に働きかけよ。

二七、原発民衆法廷関係者は、当法廷の全活動を継承し、次のステップに進むために議論の輪を広げるために、あらゆる努力をせよ。

二八、原発民衆法廷関係者は、ウクライナ、オーストラリア、台湾、韓国を含む全世界の科学者、NGO、ジャーナリスト等の協力を得て、原発を問う世界民衆法廷を開催するための国際的議論を高めるよう努力せよ。

原発民衆法廷判事

鵜飼　哲

岡野八代

田中利幸

前田　朗

著者プロフィール

前田朗（まえだ あきら）

1955年札幌市生まれ。東京造形大学教授。原発を問う民衆法廷（原発民衆法廷）判事を務める。日本民主法律家協会理事、日本友和会理事、国際人権活動日本委員会運営委員。著書に『原発民衆法廷①〜④』（共編著、三一書房）、『『脱原発の哲学』は語る』（佐藤嘉幸・田口卓臣・村田弘との共著、読書人）、『軍隊のない国家』（日本評論社）、『旅する平和学』（彩流社）、『ヘイト・スピーチ法研究原論』（三一書房）、スペース・オルタ企画を書籍化した『思想の廃墟から——歴史への責任、権力への対峙のために』（鵜飼哲・岡野八代・田中利幸と共著、彩流社）、『思想はいま何を語るべきか——福島・沖縄・憲法』（高橋哲哉と共著、三一書房）など。

黒澤知弘（くろさわ ともひろ）

1975年藤沢市生まれ。弁護士。馬車道法律事務所所属、福島原発被害者支援かながわ弁護団事務局長。原爆症認定裁判に関わってきた弁護士たちを含むかながわ弁護団は、原爆症認定審査ではがんは約1mSv、被曝労災の白血病では年5mSvの被曝線量が認定基準に採用されている中で、「100mSv以下では放射線影響は確認できない」とする国の主張はダブルスタンダードだと指摘して低線量被曝の危険性を前面に押し出し、区域外避難者も「避難の権利」を持つことを主張した。

小出裕章（こいで ひろあき）

1949年東京都生まれ。元京都大学原子炉実験所助教、原子核工学専攻。1970年秋、東北大学工学部原子核工学科の学生時代に女川での反原発集会に参加して以来、反原発の立場を取る。3・11原発事故を受けて、初期の段階で炉心溶融と格納容器破壊の可能性を指摘し、周辺住民、特に子どもの被曝を減らすよう発言。巨大科学を扱う科学者としての倫理を全うしようと発言し続けてきた。著書に『原発のウソ』（扶桑社新書）、『原発と戦争を推し進める愚かな国、日本』（毎日新聞出版）、『100年後の人々へ』（集英社新書）、『原発と憲法9条』（遊絲社）など。

崎山比早子（さきやま ひさこ）

千葉大学大学院医学研究科修了。医学博士。マサチューセッツ工科大学研究員、放射線医学総合研究所主任研究官を経て、原子力資料情報室前代表・故高木仁三郎氏が「市民科学者」を育成するために創設した高木学校のメンバーとなる。元国会東京電力福島原子力発電所事故調査委員会委員。原発事故避難者による京都地裁の損害賠償訴訟では、原告側証人として低線量被曝の危険性を明らかにしつつ、「避難の権利」の必要性を訴えた。ふくかた訴訟でも、低線量被曝問題について原告側に協力している。著書に『母と子のための被ばく知識——原発事故から食品汚染まで』（新水社）、『レントゲン、CT 検査——医療被ばくのリスク』（共著、ちくま文庫）など。

村田弘（むらた ひろむ）

1942 年横須賀市生まれ。福島原発かながわ訴訟原告団団長。早稲田大学卒業後、朝日新聞社に入社し、横浜支局、熊本支局、東京本社など各地で記者活動に従事。2003 年、定年退職後に南相馬市小高区で妻の実家の畑を継ぎ晴耕雨読の生活に入ったところで被災。横浜に避難し、事故の責任を追求すべく原発民衆法廷に参加して事務局として全国を巡回。原発被害者団体連絡会（ひだんれん）幹事、原発被害者訴訟原告団全国連絡会共同代表、避難の協同センター世話人も務めている。

佐藤嘉幸（さとう よしゆき）

1971 年京都府生まれ。筑波大学人文社会系准教授。パリ第 10 大学博士（哲学）。フランス現代思想、社会哲学を専攻し、「権力と抵抗」をテーマとして現代社会の課題に哲学者として切り込んできた。福島第一原発事故以後は、原発問題について積極的に発言している。著書に『脱原発の哲学』（田口卓臣との共著、人文書院）、『『脱原発の哲学』を読む』（田口卓臣・小出裕章らとの共著、読書人）、『『脱原発の哲学』は語る』（田口卓臣・前田朗・村田弘との共著、読書人）、『権力と抵抗——フーコー・ドゥルーズ・デリダ・アルチュセール』、『新自由主義と権力——フーコーから現在性の哲学へ』（ともに人文書院）、『三つの革命——ドゥルーズ=ガタリの政治哲学』（廣瀬純との共著、講談社選書メチエ）など。

福島原発集団訴訟の判決を巡って
——民衆の視座から
2019年4月20日、スペース・オルタ
読書人ブックレット01

2019年6月28日　初版第1刷発行
著者　前田朗、黒澤知弘、小出裕章、崎山比早子、村田弘、佐藤嘉幸

発行者　黒木重昭
発行所　株式会社 読書人
〒101−0051 東京都千代田区神田神保町1-3-5 冨山房ビル6階
Tel：03-5244-5975　Fax：03-5244-5976　E-mail：info@dokushojin.co.jp
https://dokushojin.com/
編集　明石健五、野村菜々実
編集協力　スペース・オルタ
表紙デザイン　坂野仁美
印刷・製本所　モリモト印刷株式会社

ISBN：978-4-924671-40-9